INTELIGENCIA ARTIFICIAL

INTELIGENCIA ARTIFICIAL

EL NUEVO CEREBRO ELECTRÓNICO

PAOLA VILLARREAL

Ariel

© 2024, Ediciones Culturales Paidós, S.A. de C.V.
Bajo el sello editorial ARIEL M.R.
Avenida Presidente Masarik núm. 111,
Piso 2, Polanco V Sección, Miguel Hidalgo
C.P. 11560, Ciudad de México
www.planetadelibros.com.mx
www.paidos.com.mx

Primera edición en formato epub: julio de 2024
ISBN: 978-607-569-592-1

Primera edición impresa en México: julio de 2024
ISBN: 978-607-569-526-6

Impreso en los talleres de Impregráfica Digital, S.A. de C.V.
Av. Coyoacán 100-D, Valle Norte, Benito Juárez
Ciudad de México, C.P. 03103
Impreso en México - *Printed in Mexico*

ÍNDICE

INTRODUCCIÓN

La inteligencia artificial —o IA, como me referiré a ella en adelante— está revolucionando nuestra sociedad de manera acelerada. Cada vez más componentes de la IA se incorporan a procesos esenciales que impactan de manera directa la vida de millones de personas y se utilizan para clasificarnos, automatizar nuestras actividades o, incluso, para sustituirnos. Esto significa, en definitiva, un cambio radical para nuestra forma de vida que muy probablemente no desacelerará ni se detendrá. Lo interesante radica en cómo los individuos y la sociedad en su conjunto responden a este cambio, pues aunque supone grandes riesgos para algunas personas, para otras representa un abanico de oportunidades. Lo indiscutible es que, a menos que nos mudemos a un lugar aislado y nos convirtamos en ermitaños, la IA afectará nuestra vida en mayor o menor medida. Por ello, es necesario saber cómo responder ante ella e, incluso, aprender a dominarla.

El primer paso para preparar nuestra respuesta es entender a qué nos enfrentamos. Para hacerlo, no solo debemos conocer el origen y el estado actual de la IA, sino también entender algunos conceptos que, pese a ser básicos, resultan confusos y difíciles de seguir por su complejidad y por la velocidad con la que evolucionan. Esto es fundamental para preparar una respuesta adecuada y, lo que es más importante, para no caer en estrés ni, mucho menos, en pánico. Definamos, pues, a nuestra protagonista.

Si se le pregunta a cualquier persona qué es la IA, no es descabellado que su respuesta describa algo similar a una máquina, mitad computadora mitad persona, con la capacidad de actuar de forma inteligente, de autorreconocerse, de conversar con humanos y máquinas, pero además, dotada de consciencia, autonomía y superpoderes como memoria fotográfica, conocimiento enciclopédico infinito, la habilidad de traducir de forma inmediata diversos idiomas y de aprender capacidades bajo demanda, entre otras. También es probable que en la respuesta se mencionen ejemplos de IA, como Siri, la asistente personal de Apple; Tesla y sus autos a los que poco les falta para conducirse solos; los algoritmos de búsqueda de Google o, más recientemente, ChatGPT, que tiene la capacidad de responder preguntas específicas de temas muy variados.

Todos estos ejemplos tienen cosas en común y, definitivamente, utilizan técnicas de IA. Sin embargo, incluso si son innovaciones increíbles, cabe preguntarnos qué tanto se acercan a la idea de «supercerebro» que se tiene de la IA, qué hay detrás del desarrollo de estas tecnologías, a quiénes benefician y a quiénes dejan atrás.

En este libro exploraremos todas estas preguntas. Además, realizaremos una revisión histórica y técnica sobre la IA para saber de dónde viene y hacia dónde es posible que se dirija. Más importante aún, pensaremos en el impacto que puede alcanzar en ámbitos fundamentales de nuestra sociedad: desde la política y la justicia hasta el comercio y el marketing, pasando, por supuesto, por la comunicación, la educación y la salud.

Para comenzar a desmitificar la IA, el primer punto que hay que explorar es su origen. Hacerlo es muy importante porque nos brinda un contexto para entender que no es una invención aislada: la IA es heredera directa del desarrollo científico y tecnológico sucedido principalmente en los tres últimos siglos, pero que se remonta, inclusive, a los artefactos milenarios. Además, la IA depende y dependerá, de manera obligatoria y en buena medida, de las computadoras y el internet: su éxito o fracaso está ligado a ambos, pues son el *límite físico* real de la IA, representado en sus poderes de procesamiento y en su capacidad de transmitir cantidades cada vez más exorbitantes de información.

En pocas palabras, la IA no es posible sin las computadoras. Por esa misma razón, para entender el potencial de esta inteligencia, es fundamental conocer y entender el impacto que han tenido estas máquinas a lo largo de nuestra historia.

Cómo
comenzó todo

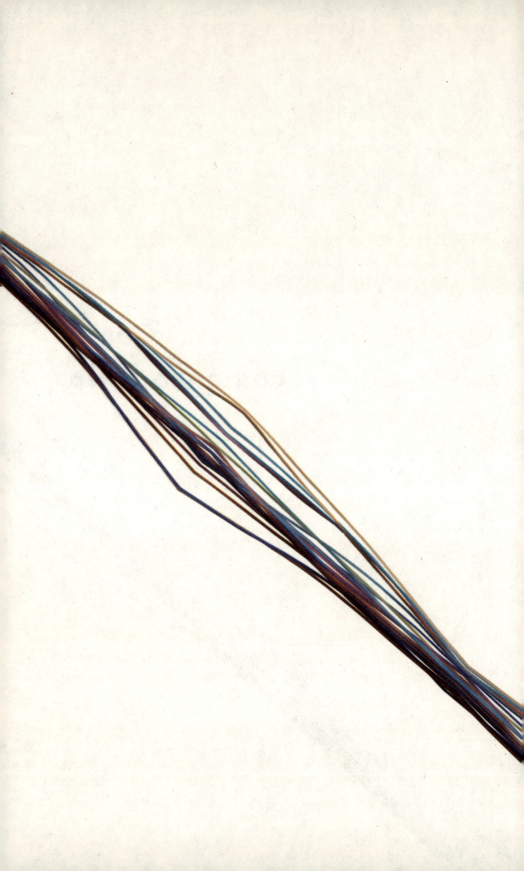

Los inicios de la computación se remontan a hace más de 43 000 años, cuando las mujeres del Paleolítico tallaron un calendario lunar en el hueso de Lebombo con el objetivo de registrar su ciclo menstrual y, de esta manera, se convirtieron en las primeras matemáticas de la historia. Posteriormente, el ábaco permitió a los babilonios hacer cuentas complejas y resolver de manera brillante la necesidad de enumerar, lo que le otorgó a dicha herramienta el monopolio del conteo en muchas culturas durante milenios. Más tarde, en la antigua Grecia, Arquímedes inventó el mecanismo de Anticitera, que consistía en un calendario planetario. Después, Johannes Nepier creó las varillas neperianas, las cuales facilitaron las multiplicaciones de forma drástica. En 1642, Blaise Pascal patentó la pascalina, calculadora mecánica en la que se basó Leibnitz para desarrollar el contador escalonado en 1673. Después de ciento cincuenta años, este último aparato dio origen a la máquina analítica de Charles Babbage, padre de la computadora moderna, cuyo diseño nunca se materializó completamente, pero se sabe que funcionaba con vapor y, además de realizar las cuatro operaciones matemáticas básicas, podía calcular raíces cuadradas, almacenar mil números de cincuenta dígitos cada uno y era infinitamente programable a través de tarjetas perforadas.

La máquina analítica de Babbage, al igual que las computadoras actuales, representaba un sistema completo de cómputo, reconocido por la matemática y escritora británica Ada King, condesa de Lovelace, mejor conocida como Ada Lovelace. Ella no solo desarrolló algoritmos para la máquina analítica, sino que se percató de las potenciales aplicaciones prácticas de dicha máquina, incluso vaticinó el poder que tendrían las computadoras para, eventualmente, generar piezas musicales tan largas y complejas como se deseara. La brillante intuición de Ada Lovelace tiene impacto en nuestros días, pues la máquina analítica puede programarse a través de tarjetas perforadas que implementan algoritmos que representan relaciones entre números. Ada consideraba que se puede computar cualquier cosa que pueda representarse mediante números y a través de las relaciones entre ellos.

Después de Ada Lovelace, nada volvió a ser igual. Ella demostró que realizar cálculos complejos suponía ventajas en muchos ámbitos sociales: desde los negocios hasta la guerra, pasando, obviamente, por las matemáticas y otras ciencias duras, además de por las artes y las ciencias sociales. Justamente en beneficio de estas últimas se implementó una de las primeras computadoras electromecánicas, la máquina de Hollerith, la cual facilitó la realización del censo de Estados Unidos en 1890. Para comprender el contexto de la época, esto sucedió solamente unos años después de la puesta en marcha de las primeras líneas de telégrafos, de la invención del fonógrafo, de la demostración de los focos incandescentes por

> Ada Lovelace abrió la puerta y trazó la ruta del cómputo moderno y de la IA.

parte de Thomas Edison y de la creación del motor de corriente alterna de Nikola Tesla. Los últimos años del siglo XIX estuvieron colmados de innovación y podría decirse que dieron origen no solo a las computadoras actuales, sino a la vida moderna.

Para el siglo XX, el desarrollo de las computadoras comenzó a acelerarse hasta encontrar su epítome en la década de los treinta, cuando se crearon múltiples inventos que resultarían paradigmáticos. Entre ellos, destaca la analizadora diferencial de Vannevar Bush, del Instituto Tecnológico de Massachusetts (MIT), cuya computadora electromecánica y análoga permitió resolver ecuaciones diferenciales. Aunque inmediatamente se comprendió el potencial del invento como computadora multipropósito, su meta real era modelar circuitos electrónicos complejos. Asimismo, en 1936, el científico y matemático británico Alan Turing presentó una computadora universal, después llamada máquina de Turing, capaz de computar cualquier cosa susceptible de ser computable. Su principal objetivo era estudiar las propiedades de los algoritmos y determinar qué problemas podían (o no) ser resueltos por las computadoras. Adicionalmente, las máquinas de Turing modelaban el comportamiento de los algoritmos y analizaban su complejidad, o sea, el tiempo y la memoria requeridos para resolver un problema en concreto.

Después de presentar su famosa máquina, Alan Turing trabajó en el importante proyecto Bombe, un dispositivo electromecánico capaz de descubrir los parámetros utilizados en las máquinas Enigma, las cuales usaban los nazis para cifrar mensajes. Ello fue de vital importancia para revelar, a tiempo, el código de los mensajes interceptados. Este proyecto fue fundamental para los británicos, pues les permitió obtener datos clave sobre las operaciones bélicas de los nazis; sin Bombe, descifrarlos hubiera sido prácticamente imposible.

> **El esfuerzo por generar tecnología bélica durante las guerras mundiales impulsó el desarrollo y la aplicación de tecnologías de cómputo novedosas para realizar tareas supersecretas.**

En esa época, también destacan dos computadoras que dieron origen a las actuales: la Electronic Numerical Integrator And Computer (ENIAC), desarrollada por el ejército estadounidense para calcular trayectorias balísticas, y las Colossus, que permitieron al ejército de británico decodificar comunicaciones del ejército alemán cifradas con un algoritmo llamado Lorenz SZ-40/42, distinto al de las máquinas Enigma. Estas últimas permitieron que Gran Bretaña obtuviera una ventaja decisiva.

Si se considera que tanto ENIAC como Colossus son las madres de las computadoras modernas, se puede calcular que la travesía digital de la humanidad, al momento de escribir este libro, no llega ni a los ochenta años. Además, durante casi la mitad de ese periodo no existió el internet, ya que este también fue concebido como parte de un esfuerzo bélico. Su invención data de la Guerra Fría, a finales de los sesenta y principios de los setenta, cuando estuvo disponible solo para el ámbito militar; se popularizó en el ámbito civil hasta finales de los ochenta y principios de los noventa.

La travesía que hoy conocemos como *ciencias de la computación*, de la que la IA forma parte, ha sido construida por genios visionarios como Ada Lovelace o Alan Turing, quienes han resuelto complejos problemas de matemáticas, ingeniería y física. La incansable labor de miles de personas que han contribuido en alguna de las áreas que componen el entramado de las computadoras o del internet —y que han quedado en el anonimato— ha sido igualmente valiosa.

Sin duda, los últimos ochenta años marcaron el comienzo y pusieron la mesa para lo que estamos viviendo y lo que viviremos en el futuro: una vida digital acelerada, asistida, aumentada y automatizada, directa o indirectamente, a través de soluciones de cómputo y, sobre todo, de IA. Esto plantea retos importantes para la sociedad actual; por ejemplo, la sustitución de personas por algoritmos, que genera desempleo masivo; la necesidad de energía eléctrica inagotable para sostener el entrenamiento de algoritmos y modelos complejos, y la integración de componentes de IA para tomar decisiones en procesos de justicia o democracia sin mecanismos de transparencia, rendición de cuentas, etcétera.

No obstante, la IA también representa oportunidades que debemos saber aprovechar, ya que, además de eficientar la clasificación de cantidades inmensas de datos, tal como lo predijo Ada Lovelace, agiliza procesos creativos propios del diseño gráfico, la música, la cinematografía y otras artes. Asimismo, permite programar páginas web completas de forma veloz o crear campañas de publicidad de manera fácil, rápida y efectiva. Estas son solo algunas de las actividades que antes requerían equipos profesionales altamente especializados y que han sido reconfiguradas y, de cierta forma, automatizadas, a través de modelos de IA.

Paola Villarreal

La prueba de Turing
y los chatbots

La prueba de Turing, propuesta por el héroe del cómputo moderno, Alan Turing, en 1950, es un concepto básico para la IA que consiste en determinar si las máquinas pueden pensar o, mejor aún, si pueden llevar el hilo de una conversación de forma tan natural que una persona no pueda distinguir si está hablando con otro humano o con una máquina. Esta prueba se lleva a cabo como un juego en el que una persona que actúa como juez se comunica a través de mensajes de texto con dos interlocutores: uno es una máquina y el otro es de carne y hueso. Si después de determinado tiempo el juez no logra decidir quién es el humano, la máquina gana y se puede decir que tiene inteligencia artificial. La prueba de Turing ha impulsado el desarrollo de chatbots, los cuales son sistemas de procesamiento del lenguaje natural diseñados para interactuar con usuarios.

Los chatbots como Siri, Alexa y otros programas para la atención a usuarios forman parte cada vez más integral de la vida digital moderna. Estas aplicaciones de IA han recorrido un largo camino desde sus comienzos y su historia es un testimonio del rápido avance y crecimiento en el campo de la tecnología.

> **Su origen se remonta a la década
> de los años sesenta, cuando
> el primer chatbot, conocido como Eliza,
> fue creado por Joseph Weizenbaum
> en el MIT, en 1966.**

Eliza se destacó por su capacidad para mantener conversaciones en lenguaje natural con los usuarios y operaba a través de reglas predefinidas que reconocían patrones en el texto de entrada del usuario y respondían de acuerdo con esas reglas. Aunque sus interacciones eran limitadas y carecía de una verdadera comprensión del lenguaje, Eliza capturó la atención del público y demostró que era posible interactuar con una computadora a través de una simple conversación.

El auge del internet y la web trajo un nuevo impulso al interés por los chatbots a finales de la década de los noventa. Los sitios web protagonistas de la famosa burbuja de las puntocoms y los servicios en línea comenzaron a emplearlos para brindar atención al cliente, ofrecer recomendaciones de productos y responder preguntas frecuentes. Para lograr este objetivo —entre otros—, se desarrolló el lenguaje AIML (*artificial intelligence markup language*), un estándar que permitía crear chatbots más sofisticados a través de reglas y patrones. AIML se convirtió en la base de muchos chatbots populares, incluido ALICE (*artificial linguistic internet computer entity*), desarrollado por Richard Wallace en 1995. ALICE fue implementado en varios sistemas de interacción con los usuarios, incluyendo los foros de mensajes BBS (*bulletin board systems*) y las salas primitivas de chat, como los *talkers* y las primeras versiones de IRC (*internet relay chat*). Estos son los precursores directos de las redes sociales modernas, cuya finalidad era brindar asistencia y, en algunos casos, compañía a los usuarios. De estas herramientas rudimentarias basadas en reglas surgió lo que hoy se conoce como procesamiento del lenguaje natural (PLN).

A medida que la tecnología de procesamiento del lenguaje natural se volvió más avanzada, los chatbots también evolucionaron hasta convertirse en asistentes virtuales más capaces, similares a los que conocemos actualmente. Aunque estos asistentes pueden comprender el lenguaje humano de manera más efectiva y realizar una variedad de tareas, como enviar correos electrónicos, programar citas, buscar información en línea, entre muchas otras, fue hasta 2011 cuando uno de los desarrollos más destacados e innovadores salió a la luz: Siri, desarrollado por Apple y pionero en la interacción por voz y la comprensión contextual. Este invento significó un salto cuántico en la forma como los usuarios interactúan con sus dispositivos y su utilización sigue vigente.

Además, en la última década, gracias al avance simultáneo de tecnologías de aprendizaje automático (o *machine learning*) e IA, los chatbots han logrado comprender contextos complejos, generar respuestas coherentes y aprender de interacciones anteriores para mejorar su desempeño. Esto ha sido impulsado por modelos de lenguaje avanzados y redes neuronales. Un ejemplo notorio es ChatGPT, una aplicación del modelo GPT-3 (*generative pre-trained transformer 3*) desarrollado por OpenAI, el cual es uno de los modelos de lenguaje más grandes y versátiles de la actualidad. Este avance ha generado un nuevo auge de chatbots conversacionales.

Es importante señalar que el uso de chatbots plantea cuestiones éticas y de privacidad, pues a medida que se vuelven más avanzados y convincentes, los humanos que interactúan con ellos pueden sentir cada vez más confianza y compartir datos privados con mayor facilidad. Por lo tanto, las conversaciones con chatbots deben regirse por principios de privacidad y seguridad como con los que guían a las plataformas de mensajería instantánea actuales, las cuales aseguran que las conversaciones de punto a punto están cifradas con algoritmos de última generación.

Para continuar entendiendo los retos y oportunidades que la IA plantea actualmente, es fundamental separar lo real de lo ficticio. Para ello, en primera instancia, es importante entender de qué está hecha la IA y conocer sus componentes principales, sin los cuales no es posible concebirla. Estos componentes, además de las computadoras, son los datos, los algoritmos y los modelos.

A continuación y al final de cada apartado encontrarás una breve plática con ChatGPT. En ellas no solo podrás darte cuenta de qué tan exacta o fidedigna es la información que nos da, sino también cómo se expresa en cada caso.

Paola: ¿Quiénes son los personajes históricos más importantes en el desarrollo de la IA?

ChatGPT: En el desarrollo de la IA hay varios personajes históricos que han desempeñado roles significativos. Algunos de los más importantes son:

 Alan Turing: es considerado el padre de la informática y la IA. Turing propuso la famosa «prueba de Turing» para evaluar la inteligencia de una máquina.

 John McCarthy: acuñó el término *artifical intelligence* en 1955. McCarthy fue un pionero en el campo y desarrolló el lenguaje de programación Lisp, utilizado ampliamente en la IA.

 Marvin Minsky: junto con McCarthy, Minsky fundó el Laboratorio de Inteligencia Artificial del Instituto Tecnológico de Massachusetts (MIT) y realizó contribuciones fundamentales al campo, especialmente en visión por computadora.

 Herbert A. Simon: ganador del Premio Nobel de Economía, Simon fue pionero en la teoría de la toma de decisiones y trabajó en programas de IA que simulaban procesos cognitivos humanos.

 Geoffrey Hinton, Yann LeCun y Yoshua Bengio: conocidos como los «padres» del aprendizaje profundo (*deep learning*), estos investigadores han sido fundamentales en el avance de las redes neuronales y han contribuido significativamente al resurgimiento de la IA en las últimas décadas.

🌀 *Andrew Ng*: Cofundador de Coursera y profesor en Stanford, Andrew Ng ha sido una figura clave en la popularización y educación en el campo de la IA.

Estos son solo algunos de los muchos individuos que han influido en el desarrollo de la IA a lo largo de los años.

Paola: ¿Y del siglo XIX?

ChatGPT: En el siglo XIX, la idea de la IA todavía no existía en el sentido contemporáneo, ya que el término y el campo en sí se desarrollaron más tarde, en el siglo XX. Sin embargo, hay algunas figuras históricas que realizaron contribuciones fundamentales en campos relacionados que posteriormente influyeron en la IA. Aquí hay algunas de esas figuras:

🌀 *George Boole (1815-1864)*: Boole fue el matemático británico que ideó los cálculos booleanos. Estos cálculos son esenciales en la lógica computacional, que es una base fundamental para la programación y la IA.

🌀 *Ada Lovelace (1815-1852)*: conocida como la primera programadora de la historia, Ada Lovelace colaboró con Charles Babbage en el diseño de la máquina analítica. Sus notas incluyen algoritmos que se consideran los primeros programas informáticos y han influido en la comprensión de las capacidades de las computadoras para más que simplemente cálculos numéricos.

🌀 *Charles Babbage (1791-1871)*: aunque no logró construir completamente ninguna de sus máquinas, Babbage diseñó conceptos de máquinas analíticas que se consideran antecesoras de las computadoras modernas.

Estas figuras del siglo XIX sentaron las bases matemáticas conceptuales que más tarde influyeron en el desarrollo de la IA y la computación. Sin embargo, la IA como disciplina separada comenzó a surgir en la mitad del siglo XX, con el trabajo de Alan Turing y otros pioneros.

Paola: ¿Por qué es importante la prueba de Turing?

ChatGPT: La prueba de Turing es importante por varias razones en el contexto de la IA y la filosofía de la computación:

- *Definición de IA*: la prueba de Turing ha sido fundamental en la discusión y definición de lo que significa ser «inteligente» en el contexto de las máquinas. Proporciona una medida teórica de la inteligencia, centrándose en la capacidad de una máquina para imitar el comportamiento humano.

- *Evaluación de capacidad cognitiva*: la prueba destaca la capacidad de una máquina para realizar tareas cognitivas complejas que tradicionalmente se consideran características de la inteligencia humana, como el lenguaje natural, la comprensión, el razonamiento y la interacción social.

- *Filosofía de la conciencia*: la prueba de Turing ha influido en debates filosóficos sobre la conciencia y la naturaleza de la mente. Plantea preguntas sobre si la imitación de comportamientos humanos implica una comprensión genuina o solo una simulación superficial.

- *Desafíos éticos*: la posibilidad de que las máquinas superen la prueba de Turing plantea desafíos éticos sobre la relación entre humanos y máquinas. Esto incluye consideraciones sobre la responsabilidad, la autonomía y la ética en el diseño y uso de sistemas de IA avanzada.

- *Desarrollo de la IA*: aunque la prueba de Turing no es una métrica práctica para evaluar sistemas de IA en el mundo real, ha inspirado y motivado investigaciones en el desarrollo de algoritmos y modelos que pueden realizar tareas que se asemejan a las habilidades humanas.

- *Reflexión sobre la mente humana*: la idea de la prueba de Turing invita a reflexiones profundas sobre la naturaleza de la mente humana y sobre si la inteligencia puede ser reducida a procesos algorítmicos que una máquina puede emular.

Aunque la prueba de Turing no resuelve todos los debates en torno a la IA y la conciencia, ha sido un punto de referencia importante que ha influido en la forma en que pensamos sobre la relación entre humanos y máquinas inteligentes.

Paola Villarreal

Los datos y las estadísticas

Los datos constituyen información sobre la cantidad, calidad, características y cualquier estadística sobre *algo*, a la que se le puede atribuir un significado para describirlo. En otras palabras, los datos representan tanto ideas abstractas como mediciones concretas y se estructuran de una forma que permite obtener mayor información sobre un *sujeto* para poder relacionarlo con otros.

Cuando éramos niños y nos colocábamos de espaldas contra la pared para que nuestra madre marcara nuestra altura y la fecha de la medición, estábamos generando datos que se plasmaban en un muro. Durante nuestra época de estudiantes, al aprobar o reprobar exámenes, generamos datos, registrados en una boleta. Cuando un equipo participa en una liga y gana, pierde, empata, mete y recibe goles, está generando datos, expresados en la tabla general. Cuando caminamos, respiramos, vivimos, conducimos un auto, hablamos por teléfono o navegamos por internet generamos datos. Si estos quedan plasmados de alguna forma —ya sea análoga, como la pared de nuestra casa, o digital, como una hoja de cálculo—, es posible utilizarlos para alimentar algoritmos y modelos que nos permitan observar mejor lo que ocurre en nuestro entorno. «¿Nuestro ritmo cardiaco es normal?», «¿Caminamos hoy más que ayer?» son preguntas que podemos responder consultando los datos. Lo hermoso de los datos es que siempre se pueden agregar, modificar o mezclar con otros, con el fin de describir *algo* de mejor manera. Nunca son estáticos.

> Los datos son al cómputo lo que los átomos a la materia: si no existieran los datos, no existiría el cómputo y, por supuesto, tampoco la IA.

Al ser el axioma del cómputo son, al mismo tiempo, los datos de entrada y de salida de modelos y algoritmos.

Los datos son la base de la IA. Sin una fuente rica y diversa de información, los sistemas de IA serían incapaces de aprender y generalizar. La recopilación masiva de datos se ha vuelto más accesible gracias a la proliferación de dispositivos digitales y sensores, lo que facilita a los investigadores y desarrolladores acceder a cantidades masivas de información. En segundos, las computadoras generan e interpretan enormes cantidades de datos que un ser humano tardaría siglos en procesar. Además, lo hacen a través de las operaciones matemáticas básicas: suma, resta, multiplicación y división. Todas las acciones que ejecuta una computadora, incluyendo la presentación visual de información en un monitor o pantalla, se traducen en números que, en este caso, representan el color que debe mostrar cada uno de los millones de pixeles del monitor. Generar y procesar esta cantidad de datos ha significado un reto; sin embargo, también ha sido un motor para impulsar el desarrollo de procesadores y hardware, como los discos duros, haciéndolos cada vez más rápidos.

> **Conocer la calidad y la cantidad de los datos es esencial para el entrenamiento y la evaluación de los modelos de IA.**

Los datos mal etiquetados, sesgados o insuficientes pueden conducir a resultados incompletos y a decisiones erróneas. Por ello, interpretarlos es de suma importancia para aplicarlos al mundo real y asegurar su calidad; el procesamiento adecuado es crucial para construir sistemas de IA efectivos. Por fortuna, todos los datos, por definición, pueden manipularse a través de operaciones matemáticas. Esto posibilita el uso de la estadística, una de las ramas más importantes de las matemáticas, que sirve para clasificar, medir, interpretar y presentar datos de forma inteligible, de modo que puedan utilizarse de la mejor manera.

La diversidad de los datos también es un factor importante. Dado que los datos variados representan diferentes perspectivas, resultan esenciales para que los sistemas de IA puedan generalizar y adaptarse a situaciones diversas. Por ejemplo, en la visión por computadora es necesario entrenar modelos con imágenes de diferentes ángulos, iluminaciones y condiciones para que puedan reconocer objetos en el mundo real de manera efectiva.

Las estadísticas representan el vínculo entre los datos y la IA, pues son la materia prima de los algoritmos y los modelos. Las estadísticas son un conjunto de herramientas matemáticas que, al aplicarse a un problema complejo y con una cantidad masiva de datos, permiten estudiar una población. Una *población* puede ser un conjunto de cualquier cosa: desde las personas que habitan un país hasta los átomos o partículas que componen una sustancia. Por lo general, las estadísticas se obtienen mediante censos o, en su defecto, a través de muestreos representativos que ofrecen el acercamiento más preciso posible a las características reales de una población. Las estadísticas dan orden al caos. Sin ellas, definitivamente no podríamos manejar la cantidad de datos que las computadoras producen ni hacerlo con la velocidad requerida, por lo cual sería imposible hablar de IA.

Si las computadoras existieran sin las estadísticas, serían máquinas mucho más simples, parecidas a las cajas registradoras de finales del siglo XIX, las cuales evolucionaron para ser lo que hoy conocemos gracias a dos factores principales: el aumento en la capacidad de cómputo —es decir, el incremento de la velocidad para resolver operaciones matemáticas simples— y el desarrollo de herramientas que redujeron la cantidad de operaciones matemáticas requeridas para resolver un problema. Estas herramientas son, precisamente, estadísticas.

La estadística comprende varias subdisciplinas; sin embargo, la más común es la estadística descriptiva que, como su nombre lo indica, está diseñada para describir las características de una población objetivo o de una muestra de ella. Las estadísticas descriptivas nos brindan herramientas para conocer, por ejemplo, la distribución del ingreso anual de una población y poder asignar grupos o categorías a cada rango.

Si quisiéramos clasificar los ingresos anuales de cien individuos, podríamos dividirlos en cuatro grupos: muy bajo, bajo, medio y alto. Las estadísticas descriptivas nos permiten entender a nuestra población para crear rangos de clasificación significativos, en lugar de rangos arbitrarios que terminarían por no ajustarse a los datos de forma adecuada. Es decir, cualquier persona podría definir rangos y categorías arbitrariamente, por ejemplo: de cero a treinta mil pesos es un nivel «muy bajo»; de treinta mil a sesenta mil es «bajo»; de sesenta mil a noventa mil es «medio», y de noventa mil a ciento veinte mil es «alto». Aunque estas categorías podrían ajustarse a los datos, no dejarían de ser rangos arbitrarios sin justificación estadística real. Por fortuna, las estadísticas nos brindan herramientas para construir rangos que se ajusten de manera correcta a nuestra población y a la distribución de su ingreso: la media o el promedio, la mediana, la desviación estándar, los cuantiles, etcétera. Estos parámetros nos ayudan a entender cómo se distribuye el ingreso en nuestra población y a establecer rangos relevantes e inteligibles para las personas.

> **Una parte esencial del desarrollo de modelos de IA es la evaluación de su desempeño y funcionamiento.**

Es aquí donde las estadísticas juegan un papel importante, pues permiten que los científicos de datos y los ingenieros de aprendizaje automático empleen enfoques estadísticos para realizar una evaluación más completa y robusta, en lugar de utilizar únicamente métricas puntuales como la precisión o el error cuadrático medio. Un ejemplo de estas técnicas es la validación cruzada, que implica dividir datos en múltiples conjuntos de entrenamiento y prueba, lo cual permite estimar cómo funcionaría un modelo con datos desconocidos después de su entrenamiento. Esto proporciona diversas perspectivas para realizar una estimación más precisa del rendimiento del modelo; además, evita uno de los problemas más comunes en los modelos de aprendizaje automático y de IA: el sobreajuste. Este se presenta cuando un modelo funciona excepcionalmente bien con los datos de entrenamiento, pero falla al enfrentarse a datos reales desconocidos.

Para los científicos de datos, la estadística también es esencial en la comparación de modelos y la selección de parámetros de funcionamiento a través de pruebas de hipótesis y otras técnicas de análisis, pues les permite determinar cuál de varios modelos es estadísticamente superior en términos de rendimiento.

Finalmente, estas herramientas estadísticas —entre otras— forman la capa fundacional del aprendizaje automático especializado en la clasificación automática de *input* (datos de entrada) y, por ende, de la IA, pues generan un puente matemático entre las operaciones básicas que resultan insuficientes para analizar las cantidades de información requeridas y los algoritmos y modelos que sí logran hacerlo.

Paola: ¿Por qué los datos son importantes para la IA?

ChatGPT: Los datos son fundamentales para la IA por varias razones esenciales:

- *Aprendizaje*: la mayoría de los enfoques de IA, especialmente el aprendizaje automático y el aprendizaje profundo, se basan en la capacidad de las máquinas para aprender patrones a partir de datos. Cuantos más datos tengan disponibles, más precisos y eficientes pueden ser en sus tareas los modelos de IA.

- *Entrenamiento de modelos*: los algoritmos de IA requieren entrenamiento para mejorar su rendimiento. Este proceso implica proporcionar al modelo grandes cantidades de datos etiquetados para que pueda aprender y ajustarse a patrones específicos. Cuanto más variados y representativos sean los datos, mejor será la capacidad del modelo para generalizar y aplicar ese conocimiento a nuevas situaciones.

- *Toma de decisiones*: en la fase de inferencia o predicción, los modelos de IA utilizan datos para tomar decisiones o realizar predicciones. La calidad de estas decisiones está directamente relacionada con la calidad y la cantidad de datos con los que el modelo fue entrenado.

- *Identificación de patrones y tendencias*: la IA es eficaz para identificar patrones complejos y tendencias en grandes conjuntos de datos. Esto es útil en áreas como el análisis de datos, la predicción de tendencias, la detección de anomalías y muchos otros campos.

- *Optimización y automatización*: los datos permiten la optimización y la automatización de procesos. Los modelos de IA pueden analizar datos en tiempo real y tomar decisiones o realizar acciones automáticamente, lo que es especialmente valioso en entornos empresariales, industriales y de investigación.

- 🌀 *Mejora continua*: la retroalimentación de datos también es crucial. Los sistemas de IA pueden mejorar continuamente a medida que reciben más datos y retroalimentación sobre su rendimiento. Esto les permite adaptarse a cambios en el entorno y mejorar su precisión con el tiempo.

En resumen, los datos son el combustible que impulsa el desarrollo y el rendimiento de la IA. Sin acceso a datos relevantes y de calidad, los modelos de IA no pueden aprender ni realizar tareas de manera efectiva.

Paola: ¿Y las estadísticas?

ChatGPT: Las estadísticas son fundamentales en el contexto de la IA por varias razones:

- 🌀 *Análisis de datos*: las técnicas estadísticas son utilizadas para analizar datos y extraer información significativa. Esto es esencial para comprender patrones, tendencias y relaciones en conjuntos de datos grandes y complejos, lo que contribuye al entrenamiento y la mejora de modelos de IA.
- 🌀 *Inferencia estadística*: la inferencia estadística permite realizar predicciones o generalizaciones sobre una población basándose en una muestra de datos. Esto es útil en el aprendizaje automático para hacer inferencias sobre nuevas instancias o datos no vistos.
- 🌀 *Validación de modelos*: las estadísticas desempeñan un papel clave en la validación de modelos de IA. Métodos como la validación cruzada y las métricas estadísticas (precisión, sensibilidad, valor F, etcétera) se utilizan para evaluar el rendimiento de los modelos y garantizar su generalización a datos no vistos.
- 🌀 *Probabilidades*: los conceptos estadísticos como la probabilidad son esenciales en la toma de decisiones y en la predicción en la IA. Los modelos de IA a menudo utilizan la teoría de la probabilidad para asignar probabilidades a diferentes resultados y tomar decisiones basadas en estas.

- *Detección de anomalías*: las técnicas estadísticas son útiles para identificar anomalías o valores atípicos en conjuntos de datos. Esto es crucial en la detección de fraudes, el mantenimiento predictivo y otros escenarios donde es importante identificar eventos inusuales.
- *Estimación de parámetros*: En el aprendizaje automático, los modelos suelen tener parámetros que se ajustan durante el entrenamiento. Las técnicas estadísticas, como la estimación de máxima verosimilitud, se utilizan para estimar estos parámetros y ajustar el modelo de manera óptima.
- *Experimentación*: la experimentación en IA a menudo implica diseñar experimentos controlados y utilizar métodos estadísticos para analizar los resultados. Esto es crucial en la investigación y en el desarrollo de nuevos enfoques y algoritmos de IA.

En resumen, las estadísticas son una herramienta fundamental en el arsenal de la IA. Ayudan a comprender, validar y mejorar los modelos, así como a tomar decisiones fundamentadas basadas en datos.

Los algoritmos y los modelos

Los algoritmos no son más que una receta, un método o una técnica que describe de forma precisa, y casi inflexible, una serie de instrucciones para realizar una acción concreta. Por ejemplo, una receta de cocina o las indicaciones para realizar un trámite burocrático pueden ser consideradas un algoritmo, ya que siguen una secuencia de pasos y arrojan un resultado de acuerdo con ciertas condiciones (variables).

Los algoritmos son esenciales para el funcionamiento de las computadoras, pues son la única manera de procesar los datos que provienen del hardware (memoria, procesador, teclado, almacenamiento, sensores, etcétera), del sistema operativo u otros programas de cómputo e, incluso, de otras computadoras, para realizar una acción y comunicar el resultado.

> **En términos prácticos: toda acción realizada o realizable por una computadora, desde la más básica hasta la más compleja, ha sido o será descrita por un algoritmo.**

Los modelos analizan o configuran el comportamiento de los algoritmos para encontrar patrones y producir estimaciones y pronósticos con validez estadística, lo cual garantiza que sean cercanos a la realidad. Esto es útil cuando, debido al volumen de información, resulta poco práctico ejecutar un algoritmo en cada uno de los *input*. En su lugar, se define una muestra representativa de ellos, se ejecuta el algoritmo solo en esa muestra, se obtienen los *output* (datos de salida) para analizar su relación con los *input* y, finalmente, se encuentran patrones que permiten deducir el comportamiento de todos los datos.

Un ejemplo de modelo son las encuestas de preferencias electorales en las que, debido a que resulta poco práctico y muy costoso realizar una llamada a la población entera de un país cada mes, se opta por definir a un grupo reducido de personas que represente a toda la población para preguntar sobre sus preferencias electorales. De esta forma, se pueden deducir o inferir las preferencias de todos los ciudadanos, con un margen de error. Usando este mismo ejemplo, los *input* son las respuestas de las personas.

Por cada persona, nuestro algoritmo recibirá las respuestas, las procesará y definirá su preferencia electoral, lo cual representará los *output*. A continuación, nuestro modelo analizará la influencia o el peso que tienen los *input* sobre los *output* y, con base en ello, proyectará la preferencia electoral de toda la población.

> Los modelos son fundamentales para las estadísticas, para el aprendizaje automático y para la IA.

El punto clave para los modelos estadísticos es la representatividad de la muestra, ya que sin ella se corre el riesgo de introducir sesgos que nos impidan deducir el comportamiento de nuestra población total. Es decir, si nuestra población total se integra por un 51% de mujeres, un 10% de personas indígenas y un 3% de personas con discapacidad, nuestra muestra ideal deberá componerse de proporciones similares para poder ser equivalente. De lo contrario, se deberá medir el impacto de esos sesgos introducidos, controlarlos y corregir las estimaciones. Evidentemente, esto agrega complejidad.

La diferencia entre un modelo estadístico y uno de aprendizaje automático radica en que el primero realiza inferencias y deducciones sobre el comportamiento de una población con base en una muestra, mientras que el segundo encuentra patrones generales en los datos y genera un algoritmo propio que le permite hacer predicciones.

Paola: ¿Cuál es la importancia de los modelos y los algoritmos en la IA?
ChatGPT: Los modelos y algoritmos son componentes fundamentales de la IA y desempeñan un papel crucial en su funcionamiento. Aquí se destacan algunas de las razones clave de su importancia:

🌀 *Aprendizaje y adaptación*: los modelos de IA están diseñados para aprender patrones a partir de datos. Los algoritmos que subyacen a estos modelos permiten que la IA se adapte y mejore su rendimiento a medida que se le proporciona más información.

🌀 *Capacidad predictiva*: los modelos de IA impulsados por algoritmos tienen la capacidad de realizar predicciones y tomar decisiones basadas en datos. Esto es esencial en una variedad de aplicaciones, desde la predicción del clima hasta la toma de decisiones empresariales.

🌀 *Resolución de problemas complejos*: los algoritmos de IA permiten abordar problemas complejos y desafiantes que pueden ser difíciles de resolver mediante enfoques tradicionales. Esto incluye tareas como el reconocimiento de patrones, el procesamiento del lenguaje natural y la visión por computadora.

🌀 *Optimización y automatización*: los algoritmos de optimización permiten encontrar soluciones eficientes a problemas, mientras que los algoritmos de automatización permiten que la IA realice tareas automáticamente, mejorando la eficiencia y reduciendo la carga de trabajo humana.

🌀 *Diversidad de aplicaciones*: existen diversos algoritmos diseñados para tareas específicas, lo que permite a la IA abordar una amplia gama de aplicaciones. Desde algoritmos de agrupamiento hasta redes neuronales profundas, cada uno tiene su aplicación en contextos particulares.

🌀 *Interpretación de datos*: los algoritmos de interpretación de datos permiten extraer información valiosa y significativa a partir de conjuntos de datos grandes y complejos. Esto es crucial para comprender patrones y tendencias ocultas.

🌀 *Mejora continua*: los algoritmos permiten la mejora continua de los modelos. La retroalimentación constante y la adaptación basada en datos nuevos garantizan que la IA pueda mantenerse actualizada y relevante con el tiempo.

🌀 *Personalización*: la capacidad de los modelos de IA para adaptarse a cada usuario se logra mediante algoritmos que pueden personalizar recomendaciones y experiencias en función del comportamiento y las preferencias de este.

En resumen, los modelos y algoritmos son esenciales para la funcionalidad y la efectividad de la IA. Su diseño y elección influyen directamente en la capacidad de la IA para aprender, predecir, resolver problemas y mejorar con el tiempo.

¿Cómo aprenden las computadoras?

Como ya se mencionó, en muchas circunstancias, resulta costoso y tardado ejecutar un algoritmo de manera secuencial en cada uno de los elementos de nuestros *input*. Por ello, recurrimos a los modelos, tanto estadísticos como predictivos, para obtener con cierto grado de precisión una generalización del *input* y una estimación del *output*. Aunque estos modelos —sobre todo los estadísticos— son exponencialmente más rápidos que la ejecución secuencial de nuestro algoritmo, requieren una muestra representativa para realizar las estimaciones y esto puede resultar poco práctico en muchos casos. Sin embargo, si tomamos una muestra aleatoria pero lo suficientemente grande de los *input*, ejecutamos nuestro algoritmo para obtener los *output*, calculamos o modelamos las relaciones entre ambos y las almacenamos en una especie de algoritmo propio, podremos estimar los *output* de uno o más elementos de los *input* de forma más veloz y sin necesidad de obtener una muestra representativa ni una base de datos completa.

Este algoritmo propio, que generaliza y modela datos, es el santo grial del aprendizaje automático y constituye la clave para entenderlo; además, es transmisible y replicable, lo que permite volver a ejecutarlo sin necesidad de procesar de nuevo toda la información. Para generarlo, por lo regular, se necesita tener una aproximación a las características de los datos y la capacidad de ajustarlo de acuerdo con parámetros propios. La finalidad es que se represente o se ajuste a los datos de manera cada vez más precisa. Esto se logra a través del entrenamiento del modelo, el cual es posible gracias a diversos métodos, entre los que destacan: aprendizaje supervisado, no supervisado, de refuerzo positivo y profundo.

El aprendizaje supervisado es el método mediante el cual se entrena un modelo a partir de una muestra de datos y los *output* que se desean obtener (o etiquetas correspondientes). La muestra contiene ejemplos de los *input* que el modelo podría recibir junto con las etiquetas que deberá regresar como *output*. Por ejemplo, si se busca desarrollar un modelo de reconocimiento de especies de plantas, el conjunto de entrenamiento será una colección de fotos de diversas especies y las etiquetas de los *output* que se esperan —en este caso, la especie a la que pertenece cada fotografía—.

Para asegurar la precisión del modelo son fundamentales la representatividad del conjunto de entrenamiento y que el algoritmo que lo analiza pueda identificar características importantes para distinguir cada *input*. Aunque se cuente con un gran modelo, no será posible obtener resultados precisos sin un buen conjunto de entrenamiento, y viceversa. En este tipo de entrenamiento, se proporcionan al modelo los *input* junto con las respuestas deseadas o etiquetas correspondientes. El objetivo del modelo es aprender una función que relacione las entradas con las salidas, por ejemplo, el reconocimiento de imágenes, el análisis de sentimientos, el reconocimiento de voz, los modelos de pregunta-respuesta o cuando se desea clasificar correos electrónicos en deseados y *spam*, donde se proporciona al modelo un conjunto de correos etiquetados de cada categoría.

Por otra parte, en el aprendizaje no supervisado se analizan datos para determinar características, correlaciones y categorías que los describan mejor, con el objetivo de reducir errores posteriores de estas determinaciones y obtener un modelo que se ajuste de manera ideal a todas las variables de los *input*. En este enfoque no se utilizan respuestas de salida ni etiquetas antes de su ejecución, por lo que puede usarse cuando los datos son aleatorios y no se conoce con claridad lo que se está buscando, por ejemplo, en los algoritmos no supervisados para la detección de anomalías, el sistema aprende, a partir de los propios datos, cuáles son los parámetros típicos. Cualquier variable que salga de esa normalidad es señalada como anómala, sin necesidad de haber definido antes lo que significa una anomalía.

Los algoritmos y los modelos de aprendizaje no supervisado son muy útiles para solucionar problemas en los que se necesita agrupar datos en categorías no definidas previamente. Este enfoque es particularmente valioso para los sistemas de recomendación usados en buscadores y plataformas de consumo de medios o productos, como Amazon, Netflix, Spotify o YouTube.

> **La típica frase «Quizás te pueda interesar esto» proviene muy seguramente de un modelo de recomendación basado en clasificadores con aprendizaje no supervisado.**

Por otro lado, el aprendizaje por refuerzo es un tipo de entrenamiento que se basa en la interacción de un agente con un entorno. El agente decide y acciona con el objetivo de maximizar una recompensa acumulativa a lo largo del tiempo. Este enfoque se utiliza con regularidad en la robótica, los juegos y el control de procesos. Por ejemplo, si un agente de aprendizaje por refuerzo aprende ajedrez, cada movimiento exitoso será recompensado y se castigarán los movimientos que conduzcan a una desventaja en el juego. El aprendizaje por refuerzo implica un proceso de toma de decisiones secuenciales. Es especialmente adecuado para resolver problemas donde no se dispone de datos etiquetados y el agente debe aprender a través de la interacción.

Finalmente, el aprendizaje profundo es un subcampo del aprendizaje automático que se centra en la construcción de redes neuronales artificiales con múltiples capas, denominadas *redes neuronales profundas*, que son capaces de aprender representaciones jerárquicas de datos. El entrenamiento de modelos de aprendizaje profundo implica la optimización de hasta miles de millones de parámetros. Esto se realiza mediante algoritmos de optimización como el descenso de gradiente estocástico y el uso de grandes conjuntos de datos. Las redes neuronales profundas se utilizan en una amplia gama de aplicaciones, desde el procesamiento del lenguaje natural y la visión por computadora hasta la traducción automática y la generación de contenido.

En síntesis, el entrenamiento en el aprendizaje automático, en cualquiera de sus variantes, es esencial para desarrollar sistemas inteligentes capaces de aprender de los datos y realizar diversas tareas. Los diferentes tipos de entrenamiento se adecúan a una amplia variedad de aplicaciones y escenarios. Sus capacidades para adaptarse a datos del mundo real, generalizar nuevos datos y aprender son fundamentales para maximizar la utilidad de los modelos de aprendizaje automático. Es importante abordar los desafíos asociados con el entrenamiento, como la disponibilidad de datos de alta calidad, la interpretación de modelos y los costos computacionales, a medida que el campo del aprendizaje automático continúa evolucionando. La comprensión de los tipos de entrenamiento y su relevancia es fundamental para aprovechar al máximo el potencial de la IA en una amplia gama de aplicaciones, desde la atención médica y la automatización industrial hasta la conducción autónoma y la traducción automática.

Paola: ¿Cómo aprenden las computadoras?

ChatGPT: Las computadoras aprenden a través de procesos específicos que se implementan en algoritmos y modelos de aprendizaje. Los enfoques principales para el aprendizaje de las computadoras, especialmente en el contexto de la IA, son el aprendizaje supervisado y el aprendizaje no supervisado. Aquí hay una explicación básica de estos enfoques:

Aprendizaje supervisado

 En este enfoque, la computadora recibe un conjunto de datos de entrada y las salidas deseadas correspondientes.

 Un algoritmo utiliza este conjunto de datos etiquetado para aprender la relación entre las entradas y las salidas.

 Durante el entrenamiento, el algoritmo ajusta sus parámetros internos para minimizar la diferencia entre sus predicciones y las salidas reales.

 Después del entrenamiento, la computadora puede hacer predicciones sobre nuevas instancias basándose en el conocimiento adquirido durante el proceso de entrenamiento.

Aprendizaje no supervisado

- En este enfoque, la computadora recibe un conjunto de datos sin etiquetas y debe encontrar patrones o estructuras interesantes por sí misma.
- Los algoritmos de aprendizaje no supervisado buscan agrupar datos similares o reducir la dimensionalidad para revelar características subyacentes.
- No hay salidas deseadas durante el entrenamiento; la computadora explora la estructura inherente en los datos sin guía externa.

Aprendizaje reforzado

- En este enfoque, la computadora aprende a través de la interacción con un entorno.
- El agente de aprendizaje actúa en un entorno y recibe recompensas o penalizaciones en función de sus acciones.
- El objetivo es que el agente aprenda a ejecutar acciones que maximicen las recompensas a lo largo del tiempo.

Aprendizaje profundo (deep learning)

- Es una subcategoría de aprendizaje supervisado que utiliza arquitecturas de redes neuronales profundas.
- Las redes neuronales profundas tienen múltiples capas de nodos (neuronas) que aprenden representaciones jerárquicas de los datos.
- El aprendizaje profundo ha demostrado ser muy efectivo en tareas como reconocimiento de imágenes, procesamiento del lenguaje natural y juegos.

En todos estos enfoques, el proceso de aprendizaje implica ajustar los parámetros internos del modelo o algoritmo en función de la información proporcionada por los datos. El objetivo es que la computadora pueda generalizar ese conocimiento a nuevas situaciones o datos no vistos. La calidad y cantidad de datos utilizados, así como la elección del algoritmo o modelo, son factores críticos en el éxito del proceso de aprendizaje.

Aprender jugando ajedrez y go

El ajedrez y el go son dos de los juegos de estrategia más antiguos y apreciados en el mundo. Además de campos de batalla donde se pueden desarrollar la creatividad humana y la inteligencia estratégica, han sido impulsores del desarrollo de tecnologías del aprendizaje automático, de la IA y del cómputo en general. Esto se debe a que parecen sencillos, pero existen muchas combinaciones posibles para jugarlos. Es por ello que, a lo largo de la historia, se han requerido sofisticados algoritmos y modelos ejecutados en poderosas computadoras para analizarlos y predecirlos. En más de una ocasión, estas supercomputadoras fueron desarrolladas específicamente para vencer a los grandes campeones humanos del ajedrez y después se reimplementaron en otras aplicaciones igual de complejas.

La relación del ajedrez y la computación tuvo un inicio tumultuoso con la creación de la primera máquina de ajedrez automática, conocida como «el Turco» o «el Ajedrecista turco», la cual fue construida en el siglo XVIII y se presentó como un autómata capaz de jugar de manera competente. Aunque más tarde se reveló que era operada por una persona oculta en su interior, esta máquina fue precursora de las investigaciones sobre la relación entre el ajedrez y la IA. Tiempo después, en el siglo XX, el ajedrez y la computación comenzaron a desarrollarse en conjunto. Uno de los héroes del cómputo moderno, Alan Turing, escribió un programa de ajedrez llamado Turochamp como parte de su trabajo en el Instituto de Matemáticas de la Universidad de Mánchester, en el Reino Unido, en 1948.

La relación entre el ajedrez y el cómputo se remonta a los primeros días de la computación moderna.

El Turochamp fue uno de los primeros intentos de usar la computación para jugar al ajedrez de manera automatizada.

En la actualidad, el ajedrez no solo se utiliza como campo de pruebas para el desarrollo de nuevas tecnologías, modelos y algoritmos para el aprendizaje automático y la IA, sino que la IA y el aprendizaje de máquina son esenciales para el ajedrez moderno. Esto se debe a que forman parte intrínseca de lo que se conoce como *módulos de ajedrez*, los cuales son algoritmos y modelos que permiten a la computadora evaluar cada posición y tomar las mejores decisiones para predecir los movimientos óptimos, así como detectar y controlar las amenazas del oponente. Este proceso se logra mediante la evaluación de grandes cantidades de datos que se usan como entradas de algoritmos; por ejemplo, los algoritmos de búsqueda para encontrar las posibles jugadas, los modelos de evaluación para determinar qué tan estratégica es cada posición, y los modelos de optimización de final de juego que sirven para avanzar hasta la posición óptima para hacer jaque mate, entre otros.

> **En general, los módulos de ajedrez son mucho más fuertes y rápidos que los jugadores humanos.**

El auge del aprendizaje automático y la creación de sistemas de cómputo más baratos y poderosos han hecho posible analizar millones de juegos para diseñar y optimizar sus estrategias. DeepBlue es, posiblemente, el ejemplo más conocido. Su desarrollo inició en los años ochenta en la Universidad de Carnegie Mellon, pero después se transfirió a IBM. En 1996, ganó dos de seis partidas de ajedrez contra el campeón mundial, el ruso Garry Kasparov, reconocido por muchos como el mejor ajedrecista de la historia. Un año después, Deep Blue venció a Kasparov con un marcador de dos victorias, tres empates y una derrota. Esto representó un gran logro para los sistemas de cómputo; para alcanzarlo, se requirieron equipos especializados en investigación que trabajaron por años para optimizar modelos y algoritmos que solo podían ejecutarse en hardware construido para este propósito. Pero DeepBlue no fue el primer módulo de ajedrez. El primer módulo se creó en 1957 y hoy en día existen modelos como el Stockfish y el AlphaZero que utilizan redes neuronales no solo para aprender de millones de partidas jugadas por humanos, sino para autoentrenarse y optimizar la simulación de partidas. Esto los hace prácticamente invencibles ante cualquier jugador humano.

Por si lo anterior fuera poco, el ajedrez y los algoritmos de búsqueda han tenido un impacto significativo no solo en la investigación sobre IA, sino que se han perfeccionado y aplicado en una amplia variedad de campos, desde la planificación en robótica hasta la optimización de procesos de logística.

> **El ajedrez ha servido como banco de pruebas para técnicas avanzadas de IA como el aprendizaje profundo.**

Esto se debe a que tanto los sistemas de IA de ajedrez como los motores actuales de este juego utilizan algoritmos de aprendizaje profundo para mejorar sus capacidades de decidir y evaluar posiciones.

Aunque el ajedrez ha impulsado de forma importante la IA, el go ha inspirado el desarrollo de algoritmos aún más avanzados debido a su complejidad. Se trata de un juego chino de estrategia que utiliza un tablero de 19×19 intersecciones y ofrece un número de posiciones posibles mucho mayor que el ajedrez. Durante décadas, el go representó un desafío insuperable para la IA debido a la inmensa cantidad de jugadas y posiciones posibles. A diferencia del ajedrez, era imposible usar técnicas como la fuerza bruta y la búsqueda exhaustiva de movimientos, ya que resultaban muy ineficientes y lentas debido a la amplia extensión de su espacio de búsqueda. Por ello, no fue sino hasta el 2016 cuando un programa de IA, AlphaGo —desarrollado también por DeepMind de Google—, logró vencer al campeón mundial de este juego, Lee Sedol. Esto marcó un avance importante en la investigación de IA y abrió nuevas rutas en la aplicación del aprendizaje profundo, pues se utilizó una combinación de técnicas, como redes neuronales convolucionales y redes neuronales recurrentes, para evaluar posiciones y realizar movimientos.

Este logro no solo demostró la capacidad de la IA para competir en juegos complejos, sino que también impulsó la investigación sobre el aprendizaje profundo. Las técnicas utilizadas en AlphaGo han influido en desarrollos posteriores de la IA, incluyendo la visión por computadora y el procesamiento del lenguaje natural. Asimismo, han impulsado la investigación sobre juegos estratégicos y sobre toma de decisiones en situaciones complejas. Han tenido impacto, incluso, en el desarrollo de la robótica y en la resolución de problemas de otras áreas, como la planificación de rutas.

Definitivamente, los juegos como el go y el ajedrez han sido fundamentales para desarrollar tecnologías que hoy son básicas en términos de IA: desde el hardware optimizado para modelos hasta los propios algoritmos, que han servido como un puente entre las herramientas clásicas y las modernas. Estas tecnologías han guiado el desarrollo tecnológico para lograr avances que sostienen muchas de las ramas de la IA.

Paola: ¿Cuál ha sido el rol del ajedrez y del go en el desarrollo de la IA?

ChatGPT: El ajedrez y el juego de mesa go han desempeñado roles significativos en el desarrollo de la IA, especialmente en el ámbito de los juegos estratégicos. Ambos juegos han representado desafíos importantes para evaluar y mejorar los algoritmos y modelos de IA. Aquí se describen los roles específicos de cada juego:

Ajedrez
- El ajedrez ha sido un campo de prueba clásico para algoritmos de búsqueda y toma de decisiones.
- En 1997, Deep Blue de IBM derrotó al campeón mundial de ajedrez, Garry Kasparov, marcando un hito importante en la historia de la IA.
- El ajedrez es un juego de información completa y estrategia pura, lo que lo convierte en un terreno fértil para el desarrollo de algoritmos de búsqueda y evaluación heurística.

Go
- El juego de mesa go ha presentado desafíos únicos para la IA debido a su complejidad y la enorme cantidad de movimientos posibles.
- Hasta hace relativamente poco, el go era considerado un desafío difícil para las máquinas debido a la incapacidad de los enfoques tradicionales para manejar su complejidad.
- En 2016, AlphaGo, desarrollado por DeepMind (una subsidiaria de Google), derrotó al campeón mundial de go, Lee Sedol. AlphaGo utilizó técnicas de aprendizaje profundo y redes neuronales para superar la complejidad del juego.

Contribuciones al aprendizaje profundo
- El desarrollo de algoritmos para el ajedrez y el go ha contribuido al avance del aprendizaje profundo.

Técnicas como el uso de redes neuronales para evaluar posiciones y tomar decisiones se han aplicado en estos juegos y se han extrapolado a otras áreas de la IA.

Desarrollo de técnicas de búsqueda y evaluación

En conjunto, el ajedrez y el go han sido no solo desafíos interesantes para la IA, sino también impulsores importantes de avances en algoritmos de búsqueda, evaluación heurística y aprendizaje profundo. La capacidad de desarrollar programas de computadora que superen a los campeones humanos en estos juegos ha demostrado la versatilidad y la potencia de la IA en la resolución de problemas complejos.

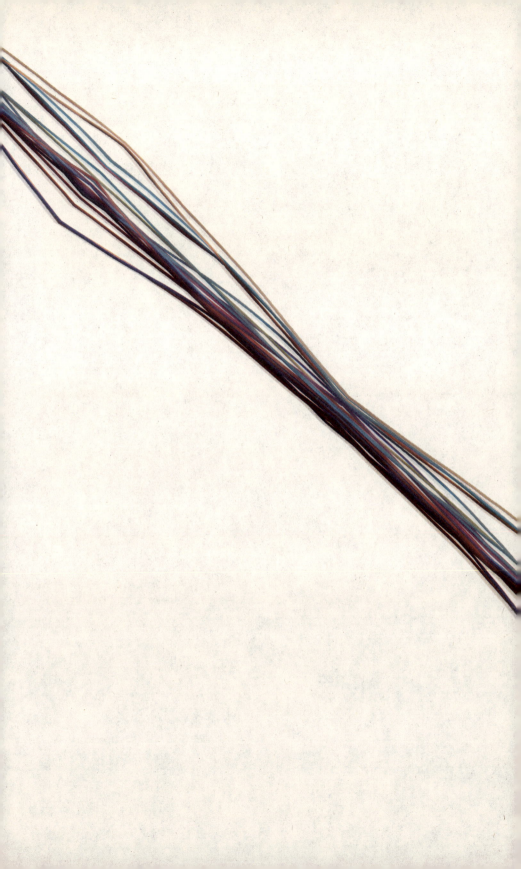

¿Entendimiento real o simulado?

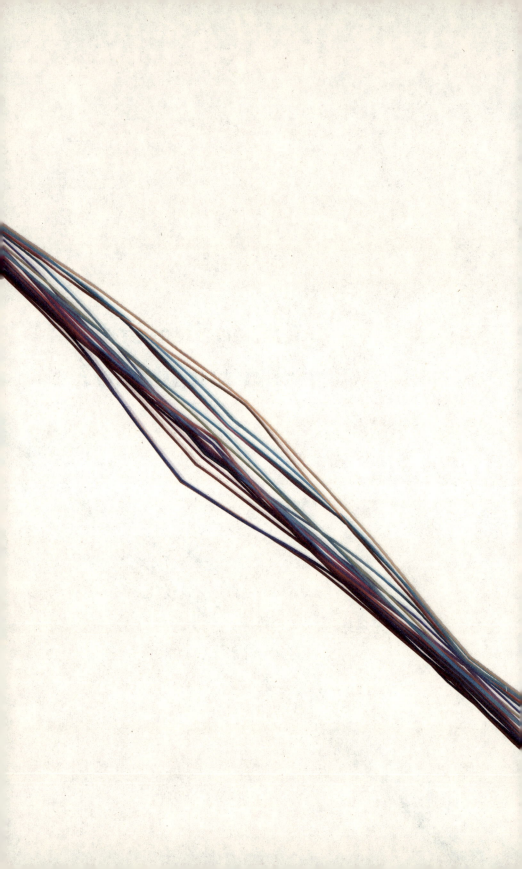

Los animales terrestres, incluidos los humanos, percibimos el entorno a través de nuestros sentidos: desde la percepción visual de ciertas medusas que solo distingue entre claro y oscuro hasta la sofisticada ecolocalización de delfines y murciélagos, que les permite, entre otras cosas, encontrar a su presa en oscuridad casi total. Estos sentidos permiten que nuestro cerebro interprete lo que sucede alrededor, fusione la información con otras señales y tome decisiones para actuar, o no, en respuesta a un estímulo.

> **Esto es lo que busca emular el sueño de la IA: dotar a los sistemas de sentidos que perciban el entorno a través de sensores y lo transmitan a un cerebro central donde se procese, se entienda y se actúe en consecuencia, incluso de manera autónoma, dependiendo de las circunstancias.**

Por ejemplo, si un sensor detecta una temperatura extremadamente alta, el sistema central deberá determinar si este estímulo representa una amenaza. En caso afirmativo, debe declarar una emergencia y alertar a los operadores, y a otras partes del sistema, para que actúen de manera acorde. La IA tendrá que realizar miles de estos procesos tomando en cuenta un gran número de datos de forma simultánea, justo como lo haríamos las personas.

Los sentidos del oído y la vista también se han emulado, mediante sensores que permiten utilizarlos como entradas de modelos de IA. Este avance ha sido posible gracias al notable desarrollo tecnológico que ha favorecido la creación de productos de consumo masivo, como los sistemas de reconocimiento de voz que hacen funcionar a los asistentes virtuales Siri o Alexa y los sistemas de visión de máquina que permiten la operación de los automóviles Tesla. Ahora bien, ¿cómo operan y qué hay detrás de estos sistemas avanzados?

El ojo digital

La introducción de las cámaras digitales y de los escáneres de documentos otorgó nuevos «sentidos» a las computadoras, al darles la capacidad de percibir el mundo por medio de sensores ópticos. Estos avances dieron lugar a nuevas aplicaciones, desde el procesamiento de imágenes hasta el reconocimiento de caracteres y otras tecnologías similares, las cuales han protagonizado uno de los procesos más acelerados de desarrollo e innovación tecnológica. Dichos procesos incluyen, además de soluciones que el día de hoy son de uso cotidiano como la digitalización de textos mediante un escáner, ramas de la IA como la visión por computadora, cuyo objetivo es generar información contextual que permita a modelos y algoritmos generar una especie de entendimiento sobre lo que ocurre en imágenes o textos.

Sin embargo, esto también planteó un reto importante en términos de procesamiento de información, pues aunque una cámara sea de baja resolución, las imágenes que capta generan cantidades importantes de datos que deben ser procesados, incluso de forma mínima, para transmitirse o almacenarse.

> **Una cámara web con resolución de 1080 pixeles y una tasa de 12 megabits por segundo es capaz de llenar un disco duro de 512 *gigabytes* en menos de 12 horas.**

Esto significa que si quisiéramos almacenar o transmitir un video «crudo» —es decir, sin procesamiento adicional—, una cámara web común, capaz de producir 12 millones de bits por segundo, sobrepasaría la capacidad de nuestro disco duro o disminuiría la velocidad de nuestra conexión a internet. Por fortuna, existen algoritmos de compresión que permiten reducir el tamaño de estos archivos y manejarlos de forma más adecuada. Sin embargo, usar un algoritmo para transmitir o almacenar un video no le permite a la computadora «entender» lo que sucede en la grabación: no puede saber, por sí sola, si se trata del video de un peatón, un autobús escolar o un semáforo. Para esto, necesitamos un modelo especial de aprendizaje llamado *machine vision*.

La *machine vision*, en su modo más básico, funciona procesando imágenes o videos para detectar la existencia de objetos sin importar su categoría: si en una foto hay una piedra, un auto o un avión, un algoritmo básico de *machine vision* los clasificará como objeto A, objeto B y objeto C, respectivamente. Esto es útil, por ejemplo, para identificar en qué partes de un video aparece un objeto determinado. Para detectar imágenes específicas como rostros, se requieren algoritmos más complejos y entrenados con grandes bases de datos que contienen ejemplos de dichos objetos etiquetados claramente.

Una vez que se da entrenamiento a los modelos capaces de detectar objetos específicos, estos pueden reconocer, por ejemplo, la relevancia del movimiento de un peatón.

Paola: ¿Qué es *machine vision* y por qué es interesante en el contexto de la IA?

ChatGPT: La *machine vision*, también conocida como visión por computadora, es un campo de la IA que se centra en permitir a las máquinas interpretar y comprender el mundo visual. Implica el desarrollo de algoritmos y sistemas que pueden procesar información visual, como imágenes o videos, para realizar diversas tareas. La *machine vision* es interesante en el contexto de la IA por varias razones:

- *Percepción visual*: la capacidad de las máquinas para entender y percibir información visual es fundamental para replicar algunas habilidades humanas. Esto incluye la capacidad de reconocer objetos, personas, patrones y situaciones, en imágenes o videos.

- *Aplicaciones prácticas*: la *machine vision* tiene aplicaciones prácticas en una variedad de campos, como la automatización industrial, la vigilancia, la salud, el transporte y la robótica. Por ejemplo, puede utilizarse para inspeccionar productos, realizar diagnósticos médicos, detectar anomalías en la producción y más.

- *Reconocimiento de patrones*: la capacidad de la *machine vision* para reconocer patrones y características en imágenes es crucial. Puede identificar objetos, caras y texto, y realizar tareas más avanzadas como el reconocimiento de gestos o la detección de emociones.

- *Conducción autónoma*: en el ámbito del transporte, la *machine vision* es esencial para los sistemas de conducción autónoma. Permite a los vehículos interpretar y responder a señales visuales, reconocer obstáculos, y tomar decisiones basadas en la información visual del entorno.
- *Seguridad y vigilancia*: la detección de eventos y la vigilancia son áreas clave donde la *machine vision* juega un papel importante. Puede identificar comportamientos anómalos, reconocer rostros en sistemas de seguridad y mejorar la monitorización en tiempo real.
- *Interacción humano-computadora*: La *machine vision* también es relevante en la interacción humano-computadora, permitiendo interfaces más naturales y accesibles. Puede interpretar gestos, expresiones faciales y movimientos, mejorando la forma en que los usuarios interactúan con sistemas informáticos.
- *Desarrollo de tecnologías futuras*: a medida que la IA avanza, la *machine vision* contribuye al desarrollo de tecnologías futuras, como la realidad aumentada, la realidad virtual y la mejora de la percepción de las máquinas en entornos complejos.

En resumen, la *machine vision* es un componente esencial de la IA que amplía las capacidades de las máquinas para comprender y procesar información visual, lo que tiene amplias aplicaciones prácticas en diversos campos.

Aprendiendo a leer

La digitalización de imágenes y textos impresos planteó uno de los primeros desafíos en el ámbito de las ciencias de la computación. En su origen, respondió a la necesidad de acelerar la revisión de grandes cantidades de datos, clasificados por humanos que fungían como archivistas digitales, expertos en su acervo, y que podían encontrar un texto o una foto en mucho menor tiempo que cualquier otra persona. Sin embargo, incluso si aumentaba el número de archivistas, el tiempo de operación era alto, pues variaba de unos minutos a unas horas dependiendo del tamaño del acervo y de la complejidad de la consulta. Esto planteó la necesidad de extraer información de textos o pies de foto para incluirla en una base de datos que permitiera una consulta básica, pero exponencialmente más ágil.

> El reconocimiento de texto fue un procedimiento semimanual en el que se incluían ejemplos de letras escritas para que el sistema las reconociera.

Es así como nació el reconocimiento de texto, que en sus inicios fue un procedimiento semimanual en el que se debían introducir ejemplos de letras escritas para que el sistema las reconociera; si alguna letra no estaba en el conjunto preestablecido, no había manera de identificarla. Este procedimiento, que estuvo vigente por más de dos décadas en oficinas de todo tipo, fue sustituido por modelos de reconocimiento de texto que utilizan acervos digitales como base de entrenamiento y solo requieren la imagen del texto, una simple fotografía o un video para extraerlo.

Dentro de los acervos digitales, el más importante es el que inició Google en 2004: Google Books. Para su creación, se realizó un escaneo masivo de libros que se procesaron a través de modelos de reconocimiento de texto, los cuales mejoraban su precisión conforme procesaban más libros. Además de los modelos, fue necesaria la participación de personas que confirmaban si las palabras reconocidas eran correctas, a través de recaptcha. Este es un sistema de doble propósito que permite a las aplicaciones verificar que un usuario no es un robot y proporciona una verificación importante para mejorar la precisión de los algoritmos de Google en una especie de entrenamiento por refuerzo positivo a gran escala. Actualmente, este acervo cuenta con más de cuarenta millones de ejemplares digitalizados de manera casi perfecta.

La extracción de textos también es importante en la actualidad, pues sirve para entender el contexto. Por ejemplo, permite introducir los datos provenientes de las señales de tránsito o de los anuncios de un aeropuerto en otros sistemas; estos los procesan en acciones como detener un vehículo de conducción automática o traducir los textos de un idioma a otro de forma inmediata. Asimismo, la extracción de textos es un insumo fundamental para los modelos de procesamiento del lenguaje natural. Estos contienen información, como el uso real del lenguaje y las variedades lingüísticas, que posibilita entender algorítmicamente a autores, regiones y dialectos. Dicha cualidad permite que hoy podamos generar una columna de opinión sobre un tema actual como si la escribiera Borges, a través de la IA generativa.

Del oído al lenguaje

Otro sentido humano que se ha podido reproducir gracias al desarrollo de nuevos sensores es el oído. A través de los micrófonos y las bocinas, las computadoras pueden escuchar nuestras conversaciones y entender lo que decimos de manera cada vez más precisa.

Esta información es traducida en un texto que se utiliza como *input* en distintos algoritmos y modelos, los cuales, al recibirlo, realizan acciones para las que fueron diseñados: desde traducir de forma simultánea hasta ejecutar comandos específicos, como los que

> Uno de los mayores desafíos en la actualidad es poder usar asistentes como Siri o Alexa sin conexión a internet estable.

reciben Siri, de Apple; Alexa, de Amazon, y Assistant, de Google. En la actualidad, el principal desafío consiste en optimizar dichos modelos de forma que operen incluso sin una conexión a internet estable. Esto implica que puedan usarse en dispositivos móviles, sin necesidad de transmitir los archivos de audio a través de internet para su procesamiento en los servidores de los grandes centros de datos de las empresas, los cuales ejecutan enormes modelos de aprendizaje automático, los procesan y los traducen.

Entendiendo las señales

En el ámbito de la innovación tecnológica, se observa con frecuencia una especie de simbiosis en la que uno o varios desarrollos impulsan a otros, esto significa que cada paso que se da en una tecnología suele impulsar a las demás para crear *ecosistemas tecnológicos*. Tal es el caso de las tecnologías que se han mencionado, las cuales forman parte fundamental en el entendimiento de las computadoras; por ejemplo, sensores ópticos y de audio, modelos de aprendizaje profundo para la detección de objetos, dispositivos de reconocimiento de voz y modelos de procesamiento del lenguaje natural. Todas estas tecnologías han tenido un desarrollo progresivo que ha favorecido que las computadoras sean capaces de generar información contextual cada vez más detallada sobre lo que ocurre en audios, imágenes, videos y textos.

Lo anterior ha detonado el desarrollo de notables avances que permiten el funcionamiento de sistemas como el de conducción autónoma de vehículos, el cual ha sido implementado por diversas empresas y apunta a ser el futuro del transporte.

> **Lo que hay detrás de estas tecnologías es formidable: cámaras y sensores cada vez más avanzados y pequeños, combinados con modelos y algoritmos que generan cantidades masivas de información.**

Esta información se transmite en tiempo real a sistemas de toma de decisiones y sistemas de misión crítica, los cuales la procesan en acciones como redirección del movimiento y aceleración o desaceleración de vehículos. La vida de los usuarios depende de que estas decisiones y acciones sean las más adecuadas.

Aunque existen algoritmos y modelos que toman decisiones basadas en el análisis de información contextual proveniente tanto de sensores como de otros algoritmos y modelos, este análisis no emula el proceso de pensamiento humano. Es necesario reconocer que las computadoras no entienden de la misma manera que las personas y que ello no demerita la utilidad de los modelos en la vida diaria. La diferencia radica en que nuestra mente es elástica; es decir, es capaz de adaptarse a nuevas entradas sin preparación previa, mientras que los modelos deben ser reentrenados cada vez que se agregan variables en caso de error o de cambio en las circunstancias. Esto es importante, sobre todo, cuando las decisiones que toman los algoritmos tienen implicaciones éticas, pues si un algoritmo se equivoca al tomar una decisión de este tipo, es difícil que pueda rectificar el error aunque se ejecute nuevamente y esto puede tener graves consecuencias.

Existen ejemplos de decisiones algorítmicas con resultados lamentables, incluyendo accidentes ocasionados por los pilotos automáticos de vehículos autónomos y de aviones de pasajeros. En estos casos se ha determinado que, como consecuencia de fallas tanto en la programación como en la interpretación, los algoritmos, modelos o sistemas de conducción tomaron decisiones erróneas de manera autónoma y sin advertir a los operadores, causando graves accidentes. Los resultados de esto pueden ser catastróficos y el reentrenamiento es cada vez más complejo; aunado a la pérdida de la confianza de los usuarios.

Paola: Habla acerca del reconocimiento de texto y de voz mediante modelos de IA.

ChatGPT: Los reconocimientos de texto y de voz son aplicaciones claves de la IA que han experimentado avances significativos en los últimos años gracias a modelos y algoritmos avanzados. Aquí hay una descripción de cada uno de estos aspectos:

Reconocimiento de texto:

 Reconocimiento óptico de caracteres (OCR, por *optical character recognition*)

- El OCR es una tecnología que permite extraer texto de imágenes o documentos escaneados.
- Los modelos de IA entrenados para OCR son capaces de identificar patrones en imágenes y convertirlos en texto editable.

 Procesamiento del lenguaje natural (PLN)

- El reconocimiento de texto no se limita a la identificación de caracteres. Los modelos de PLN permiten entender y procesar el significado del texto.
- Tareas como la extracción de entidades, el análisis de sentimientos y la traducción automática son ejemplos de procesamiento de texto más avanzado.

- Representaciones de codificador bidireccional de transformadores (BERT, por *bidirectional encoder representations from trans*)
  - Modelos como BERT, basados en la arquitectura de *transformers*, han revolucionado el procesamiento del lenguaje natural.
  - BERT puede comprender el contexto y la relación entre palabras en una oración, mejorando la precisión en tareas de reconocimiento de texto.
- Aplicaciones prácticas
  - El reconocimiento de texto se utiliza en diversas aplicaciones, como la digitalización de documentos, la automatización de procesos empresariales, la búsqueda semántica en la web y la generación de programas accesibles para personas con discapacidad visual.

Reconocimiento de voz:

- Reconocimiento automático del habla (ASR, por *automatic speech recognition*)
  - El ASR es una tecnología que convierte la voz hablada en texto escrito.
  - Modelos de ASR, como los basados en redes neuronales, han mejorado significativamente la precisión en la transcripción de voz.
- Texto a voz (TTS, *por text to speech*)
  - Los sistemas TTS convierten texto en discurso audible.
  - Los modelos de TTS basados en IA han mejorado la naturalidad y la entonación del habla generada.
- *Transformers* de procesamiento de voz
  - Al igual que en el procesamiento de texto, las arquitecturas de *transformers* también se aplican al procesamiento de voz.
  - Los *transformer models* permiten entender el contexto y la relación entre palabras en el habla, mejorando la calidad de la transcripción y la generación de voz.
- Asistentes de voz y automatización:
  - La tecnología de reconocimiento de voz alimenta asistentes virtuales como Siri, Alexa y Google Assistant, permitiendo la interacción natural con dispositivos.

- Se utiliza en sistemas de automatización, control por voz, dictado de texto y servicios de transcripción automática.

En resumen, el reconocimiento de texto y de voz mediante modelos de IA ha facilitado la interacción entre humanos y máquinas, mejorando la eficiencia en la comprensión y generación de contenido textual y vocal. Estas tecnologías tienen un impacto significativo en una variedad de aplicaciones, desde la accesibilidad hasta la automatización empresarial y los asistentes virtuales.

Engañando a la IA

El cerebro no solo construye nuestra realidad con base en la información proveniente de los sentidos, sino que autocompleta o imagina información para tomar decisiones de manera más rápida, con el fin de mantener una narrativa coherente y evitar fallos. Ejemplos de ello son fenómenos físicos, como los espejismos, y las imágenes diseñadas intencionalmente para manipular nuestra percepción, como los hologramas y las ilusiones ópticas.

Los humanos podemos caer en diversos fenómenos, intencionales o accidentales, que nos hacen cuestionarnos la realidad y tomar malas decisiones con información que resultó no ser fidedigna pero que nuestro cerebro interpretó como tal. Desde las típicas ilusiones ópticas que nos hacen creer que hay agua donde no la hay hasta el complejo fenómeno que nos hacen pensar que, por ejemplo, hay agua al final de un desierto.

El incentivo para quienes toman decisiones fundamentales que afectan la vida de millones de personas todos los días está en constante aumento; dicho incentivo también es cada vez mayor para quienes buscan engañar a los modelos de IA con la finalidad de controlar o, al menos, influir en las decisiones que se toman. Tanto investigadores de ciberseguridad como actores malintencionados han demostrado que los modelos son vulnerables y manipulables a través de ataques. Uno de ellos es la inyección intencional de ruido, ya sea visual o auditivo, que implica la introducción de señales aleatorias cuidadosamente diseñadas para confundir a los modelos en su etapa de entrenamiento y provocar que interpreten la información de manera errónea. Este ruido, que puede ser imperceptible para el ser humano, tiene el poder de alterar significativamente las decisiones del modelo.

> Así como nosotros, los algoritmos y los modelos de IA también son vulnerables a engaños.

> **Otra vulnerabilidad es la manipulación de imágenes, dirigida especialmente a los sistemas de visión por computadora.**

Esta técnica consiste en alterar imágenes de entrada, de forma sutil, para provocar que un modelo clasifique de manera errónea lo que está viendo. En casos extremos, la manipulación de imágenes posibilita que los atacantes modifiquen la interpretación de señales de tránsito con la finalidad de provocar accidentes o sabotear una infraestructura.

Definitivamente, a pesar de su complejidad, estos ataques representan una amenaza tangible. Su existencia implica que los modelos y sistemas, en los que confían millones de consumidores para realizar sus actividades cotidianas, son vulnerables a ser manipulados por quienes desean cometer actos ilícitos, que van desde el acceso no autorizado a cuentas de correo hasta el fraude bancario y el sabotaje de infraestructura que puede provocar errores fatales. Como es posible deducir, este tipo de ataques —y, sobre todo, las posibles protecciones ante ellos— serán cada vez más relevantes, pues la confianza que se deposita en los modelos de IA para clasificar información utilizada en decisiones trascendentes crece cada día más. El texto, la voz y el procesamiento de video deberán ser protegidos y entrenados para resistir ataques que busquen confundirlos.

Aunque hasta ahora los ataques intencionales más sofisticados han sido pruebas de concepto, no ha sido necesario engañar a los modelos de IA para generar caos. Por citar un ejemplo, mediante la coordinación de usuarios y el hackeo de los sistemas de administración de flotillas de vehículos autónomos, en una ocasión, se enviaron más de cincuenta autos al mismo lugar y al mismo tiempo, generando un embotellamiento que duró horas, pues los autos se bloqueaban entre sí. Para resolver este problema, los equipos de las empresas involucradas tuvieron que intervenir directamente y mover los autos, uno por uno, de forma manual.

Desafortunadamente, ningún sistema es perfecto y no solo los modelos de *machine vision* son vulnerables a este tipo de ataques o engaños, también es posible engañar a un modelo de reconocimiento de voz.

Robo y suplantación de identidad

Ciertos actores malintencionados, que van desde empresas hasta gobiernos, han aprovechado la IA para sembrar desinformación con fines poco éticos, como la divulgación masiva de mensajes falsos y el análisis de enormes cantidades de información obtenidas de forma perniciosa.

> **Empresas como Cambridge Analytica, por ejemplo, desarrollaron mensajes personalizados, en forma de memes y formatos de consumo rápido, con la finalidad de manipular a los votantes de Estados Unidos, Australia, India, Kenia, México, Reino Unido y otros países.**

Desafortunadamente, Cambridge Analytica no es la única; en algunos casos, también los gobiernos han utilizado memes y redes sociales para manipular elecciones y a la opinión pública respecto de algunas protestas. Esto ha sucedido en las votaciones federales en Rusia y Estados Unidos, y durante algunas protestas en Hong Kong. Otro de estos casos fue la campaña de desinformación para cuestionar la efectividad de las vacunas en contra del covid-19, divulgada por ciertos medios.

Lo anterior, sumado a la facilidad con la que es posible generar voces y *deepfakes* —es decir, videos que utilizan algoritmos para reemplazar o superponer caras en un material audiovisual existente y que son tan reales que es casi imposible discernir su falsedad— ha dado lugar a la manipulación de discursos, la creación de situaciones ficticias y, lo que es más alarmante, la suplantación de identidades. Entre sus primeras víctimas, se encuentran mujeres cuyas caras fueron superpuestas en cuerpos de actrices de entretenimiento para adultos. Además, a través de los *deepfakes* también se han generado videos de personas de la política dando discursos que nunca sucedieron.

> Los *deepfakes* pueden utilizarse de forma maliciosa para difamar a personas, desacreditar a figuras públicas o engañar a audiencias inocentes.

El peligro inherente a esta tecnología radica en su potencial para socavar la confianza y la autenticidad en la información y las interacciones humanas.

Desde un político pronunciando un discurso incendiario, el montaje de una celebridad realizando acciones cuestionables hasta la creación de mensajes ficticios supuestamente enviados por amigos cercanos, estos ejemplos ilustran la suplantación de identidad, problema que puede tener consecuencias devastadoras.

Las redes sociales se han convertido en un terreno particularmente propicio para la proliferación de *deepfakes*. La viralidad y la rapidez con la que se comparten contenidos en estas plataformas facilitan la propagación de información falsa y la manipulación de percepciones. Esto erosiona la confianza en la veracidad de lo que se ve y se escucha, dando lugar a un clima de desconfianza y escepticismo.

El surgimiento de este fenómeno plantea la necesidad urgente de desarrollar medidas efectivas para prevenirlo. La investigación en algoritmos de detección de *deepfakes*, la educación pública sobre los riesgos asociados y las regulaciones que aborden específicamente el uso malicioso de la IA generativa son disposiciones necesarias para la mitigación de esta amenaza. Además, la responsabilidad ética por parte de desarrolladores y usuarios es fundamental para garantizar que estas herramientas se utilicen de manera ética y transparente.

Sin embargo, los *deepfakes* con contenido para adultos son solamente la punta del iceberg, pues el avance tecnológico facilita de manera progresiva generar audios y videos hiperrealistas. Estos pueden emplearse para convencer a los votantes sobre la veracidad de mensajes políticos falsos y para suplantar a personas cercanas a otras. Esta última estrategia se utiliza para extraer información privada —como contraseñas de cuentas de correo, bancos, etcétera—, robar una identidad o convencer a alguien de que un ser querido se encuentra en apuros o secuestrado y conseguir dinero a cambio de un supuesto rescate. La facilidad con la que este tipo de ataques se lleva a cabo es proporcional y está íntimamente relacionada con los avances en la IA. Esto significa que, debido a que los modelos y algoritmos suelen reducir su costo con el tiempo, cada vez será más fácil y barato utilizarlos para fines maliciosos o, por lo menos, poco éticos.

Paola: Explica el riesgo de robo y suplantación de identidad que existe gracias a la IA.

ChatGPT: El uso de la IA plantea riesgos en términos de robo y suplantación de identidad. Estos riesgos se derivan de la capacidad de la IA para analizar grandes cantidades de datos y realizar tareas complejas, lo que podría ser aprovechado de manera maliciosa. Aquí hay algunos aspectos de estos riesgos:

Generación de contenido falso (deepfakes)

 Los *deepfakes* son contenido multimedia (videos, imágenes, audio), generado por algoritmos de aprendizaje profundo, que pueden hacer que una persona parezca y suene como otra.

🔓 Esto puede ser utilizado para crear material falso que engañe a personas o, incluso, a sistemas de reconocimiento biométrico.

Suplantación de voz

🔓 Los algoritmos de síntesis de voz basados en IA pueden replicar la voz de una persona con una precisión sorprendente.

🔓 Esto podría utilizarse para realizar llamadas de voz engañosas o para crear mensajes de voz falsos con el objetivo de suplantar identidades.

Ataques a sistemas biométricos

🔓 Los sistemas biométricos, que utilizan rasgos físicos únicos como huellas dactilares, reconocimiento facial o escaneos de voz, son vulnerables a ataques que utilicen datos generados por IA para engañar a los sistemas de autenticación.

Ingeniería social avanzada

🔓 La IA también podría ser utilizada para mejorar la ingeniería social, con la cual los atacantes buscan engañar a las personas para obtener información confidencial. Algoritmos de generación de texto podrían generar mensajes persuasivos y convincentes.

Robo de identidad digital

🔓 La recopilación y análisis masivo de datos mediante algoritmos de IA pueden facilitar el robo de identidad digital. Los atacantes podrían utilizar información personal para crear perfiles falsos o realizar actividades fraudulentas.

Detección de anomalías

🔓 Algoritmos de detección de anomalías basados en IA también pueden ser utilizados para identificar patrones de comportamiento en sistemas en línea, lo que podría motivar intentos de robo de identidad.

Desinformación y manipulación

🔓 La IA también puede ser utilizada para crear y difundir información falsa y desinformación en línea, lo que podría tener consecuencias en la reputación y la identidad de individuos o entidades.

Es importante destacar que, si bien la IA presenta estos riesgos, también se están desarrollando contramedidas y sistemas de seguridad basados en IA para detectar y prevenir estas amenazas. Sin embargo, la evolución constante de la tecnología también implica una vigilancia continua y la mejora de las medidas de seguridad para hacer frente a los riesgos emergentes.

Redes neuronales artificiales

Como su nombre lo indica, las redes neuronales artificiales son modelos diseñados para imitar el funcionamiento del cerebro humano. Se utilizan en la realización de tareas específicas y están compuestas por nodos o «neuronas» que se organizan en capas interconectadas cuyo diseño está inspirado en la organización biológica del ser humano. Es fundamental reconocer que, a pesar de que estas redes emulan ciertos aspectos del cerebro, la naturaleza y complejidad de este se encuentran lejos de ser comprendidas en su totalidad, pues sus interconexiones abarcan miles de millones de neuronas. Dichas neuronas forman una red muy compleja en la que cada una recibe señales eléctricas a través de sus dendritas, procesa las señales en su cuerpo celular y transmite su respuesta a otras neuronas a través del axón.

Dado que las redes neuronales artificiales son una simplificación y abstracción del complejo funcionamiento del cerebro, emulan la recepción de información proveniente de fuentes externas, la procesan a través de algoritmos especializados y la transmiten a otros nodos o neuronas colindantes.

> **Estas conexiones entre nodos se asemejan
> a las conexiones sinápticas entre las
> neuronas del cerebro que se refuerzan
> o debilitan con el tiempo y el uso.**

En el caso de las redes neuronales artificiales, las conexiones tienen un peso específico que se ajusta durante la fase de entrenamiento y, en algunos casos, también directamente en la operación.

Las redes neuronales son esenciales para la IA, pues amplían la capacidad de los algoritmos y modelos tradicionales, los cuales suelen ser poco flexibles y solo se pueden utilizar en tareas mucho más acotadas o específicas. Estas redes permiten representar datos extraordinariamente complejos y masivos, abstraer información y conocimiento de forma jerárquica, tomar decisiones de manera autónoma e, incluso, generar contenido propio. No es exagerado decir que están detrás de los avances más sonados de la IA en los últimos tiempos. El desarrollo e investigación de estas redes ha estallado en las últimas dos décadas, permitiendo grandes avances y trazando una ruta interesante que dará mucho de qué hablar en el futuro.

Existen varios tipos de redes neuronales que se utilizan para diversas tareas, por ejemplo, las redes neuronales prealimentadas o *feedforward* permiten el flujo de información en un solo sentido, desde la capa de entrada hasta la capa de salida, y son útiles para clasificar y reconocer patrones, por lo que pueden aplicarse en la identificación de imágenes, el procesamiento de voz y la predicción de series temporales.

Las redes neuronales recurrentes, por otro lado, permiten que la información fluya en más de una dirección y que se formen bucles de retroalimentación. Esto las hace efectivas para trabajar con datos secuenciales en el procesamiento del lenguaje natural y la generación de texto. También pueden utilizarse en aplicaciones de tiempo real, como el reconocimiento de voz y la traducción automática.

Por otra parte, las redes neuronales adversariales han protagonizado los avances que han recibido más atención mediática en los últimos tiempos, pues son ampliamente utilizadas para la generación y mejora de imágenes realistas y la creación de contenido artístico. Estas se componen de dos modelos adversarios que compiten entre sí: un generador y un discriminador. El generador crea datos que intentan ser indistinguibles de los datos reales, mientras que el discriminador intenta diferenciar entre los datos generados y los reales. La competencia entre ambos genera una especie de sistema evolutivo en el que la precisión o el realismo es cada vez mayor.

Por último, las redes neuronales profundas se caracterizan por tener múltiples capas ocultas, lo que les permite aprender representaciones jerárquicas de datos. Estas son fundamentales en el aprendizaje profundo y en una amplia gama de tareas, desde el reconocimiento de voz y el procesamiento del lenguaje natural hasta los juegos y la visión por computadora, donde la complejidad de los datos requiere un enfoque más profundo para su comprensión.

Como ya se mencionó, la flexibilidad es una de las características principales de las redes neuronales, pues gracias a ella pueden aprender a partir de datos y experiencias para mejorar su operación,

Para aplicaciones de reconocimiento facial, clasificación de imágenes y análisis médico de imágenes diagnósticas se utilizan las redes neuronales convolucionales, diseñadas específicamente para procesar datos de tipo malla, como las imágenes digitales.

precisión y rendimiento de forma progresiva, sin necesidad de intervención humana constante. Aunque esta característica representa ventajas como la autonomía, también supone grandes desafíos. Uno de ellos es la poca «interpretabilidad» de las decisiones que toman las redes neuronales, la cual hace casi imposible trazar o explicar sus motivaciones y las convierte en «cajas negras» cuyo funcionamiento se desconoce a ciencia cierta.

La interpretabilidad limitada constituye uno de los principales motivos de preocupación que rodean a la IA, pues cuando las redes neuronales artificiales se aplican a ámbitos como el médico o el legal, es difícil justificar sus decisiones si no se puede explicar a detalle cómo se tomaron. Esto pone en tela de juicio no solo la objetividad de la propia red, sino también los datos y parámetros utilizados para su entrenamiento y operación, los cuales son muy importantes para asegurar que las redes neuronales no adopten ni perpetúen sesgos ingresados en los datos de entrenamiento. Un problema de este tipo podría derivar en acciones discriminatorias o en un mal funcionamiento causado por errores en los parámetros elegidos para configurar una red; por ejemplo, que la tasa de aprendizaje o el tamaño de los lotes no hayan sido los correctos.

La complejidad de las redes neuronales también radica en la inmensa cantidad de datos que manejan y en la intensidad del cómputo que se necesita para entrenarlas con el fin de obtener un funcionamiento óptimo. En este sentido, la escasez de datos puede tener como consecuencia un rendimiento deficiente y problemas de generalización que resulten en una precisión baja. Además, si no se cuenta con los recursos de cómputo suficientes —que normalmente solo se pueden encontrar en centros de datos de empresas como Amazon o Google—, su operación puede ser extremadamente lenta. La correcta configuración de una red neuronal es un tema especializado que requiere mucha experiencia para evitar dificultades al momento de elegir arquitecturas adecuadas, funciones de activación y otros aspectos del diseño del modelo.

A pesar de su complejidad y alta especialización, las redes neuronales son una herramienta altamente efectiva que no solo ha revolucionado el cómputo, sino también la vida diaria de millones de personas. En la actualidad, estas redes se encuentran en el centro de la mayoría de los algoritmos y los modelos funcionales de uso cotidiano, por ejemplo, los asistentes virtuales como Siri, Google Assistant y Alexa las emplean para comprender y procesar comandos de voz; los sistemas de reconocimiento facial y auditivo las utilizan en cruces migratorios o para acceder a cuentas bancarias de manera telefónica; las plataformas de traducción automática, los filtros de contenido para evitar la difusión de material inapropiado y de *spam*, y los sistemas de reconocimiento de texto también hacen uso de ellas. En casos más especializados, pero de alto impacto para la vida de millones de personas, podemos citar la conducción autónoma de vehículos, la detección de fraudes financieros y el diagnóstico temprano de enfermedades. Es decir, las redes neuronales están presentes en casi todos los ámbitos de la vida digital cotidiana y cada vez tendrán mayor importancia para todos —aunque de maneras sutiles.

En el futuro, las redes neuronales formarán parte inextricable de nuestra vida diaria a medida que la realidad aumentada, guiada por estas redes, se funda de manera imperceptible con nuestro entorno. Cuando viajemos, las lentes inteligentes y los dispositivos portátiles nos ofrecerán información contextual en tiempo real, desde detalles históricos sobre un edificio hasta traducciones instantáneas de señales de tránsito.

> Nuestra percepción del mundo se transformará, enriquecida por capas de información contextual generadas por redes neuronales muy poderosas.

La creatividad alcanzará nuevas cimas a medida que las redes neuronales se conviertan en una herramienta más poderosa para sus procesos. Artistas y diseñadores colaborarán con algoritmos generativos para dar forma a obras maestras del arte plástico, la música y la literatura. Estos modelos no solo replicarán estilos existentes, sino que crearán híbridos inéditos que desafiarán las fronteras de la creatividad humana.

En términos de movilidad, los vehículos autónomos se convertirán en compañeros de viaje confiables y seguros, pues las redes neuronales no solo mejorarán su capacidad para anticipar y reaccionar ante situaciones complejas en las vías, sino que también transformarán la infraestructura urbana, optimizando el flujo de tráfico y reduciendo tanto los tiempos de traslado como la emisión de contaminantes.

En el campo de la medicina, las redes neuronales desempeñarán un papel preponderante en diversos aspectos, incluyendo el diagnóstico y la detección temprana de enfermedades, así como en el pronóstico y predicción del curso de los padecimientos. Su capacidad para analizar grandes volúmenes de datos genéticos y moleculares permitirá evaluar el riesgo de complicaciones de las enfermedades de cada paciente y será la base de la medicina personalizada, al tomar en cuenta estos datos para adaptar tratamientos a características individuales. Las redes también favorecerán el descubrimiento de nuevos fármacos, al analizar grandes conjuntos de datos biológicos y químicos para identificar compuestos potencialmente eficaces. En cuanto al seguimiento y la gestión del tratamiento de los pacientes, permitirán el monitoreo continuo de su estado de salud a través de dispositivos *wearables*. Además, facilitarán el análisis y la interpretación de registros electrónicos de salud, lo cual favorecerá la creación de sistemas de alerta temprana que identifiquen alteraciones físicas en las personas y ofrezcan atención más oportuna. Por último, aliviarán la carga en los sistemas de salud, al brindar asesoramiento clínico, y diseñarán, en conjunto con los profesionales, los planes de tratamiento y la selección de terapias.

> **En síntesis, en un futuro no muy lejano, las redes neuronales forjarán una alianza más estrecha con nuestras vidas.**

Lo anterior lo harán no solo como herramientas funcionales, sino como compañeras inteligentes que comprendan nuestras necesidades, anticipen nuestros deseos y amplifiquen nuestra capacidad de explorar, aprender y crear. En suma, serán los hilos que unan la promesa de la tecnología con las experiencias más profundas y significativas de la existencia humana.

¿Cómo funciona ChatGPT?

Una de las más impresionantes implementaciones de IA recientes son los llamados *large language model* (LLM) o modelos de lenguaje de gran tamaño. Se trata de algoritmos de aprendizaje profundo diseñados para entender y generar texto de manera similar a como lo hace el cerebro humano. Su proceso de entrenamiento es complejo y fascinante, pues consiste en enseñar a una mente artificial a entender y generar lenguaje.

> **Los modelos se alimentan de enormes cantidades de datos lingüísticos, como libros, artículos y diálogos, para capturar patrones, estructuras gramaticales y contextualizar información.**

Durante el entrenamiento, las partes de un texto se descomponen en unidades más pequeñas llamadas *tokens*, que funcionan como las piezas de un rompecabezas lingüístico donde cada palabra o carácter puede ser un token. Estas unidades se traducen a un idioma comprensible por el modelo —es decir, los números—, y luego se transforman en vectores numéricos en un espacio abstracto de alta dimensionalidad.

Al iniciar el entrenamiento, los parámetros de los modelos LLM se definen de manera aleatoria y el sistema representa una mente en blanco, lista para aprender. A medida que se procesan los datos a través de las capas del modelo, donde se realizan operaciones que intentan capturar matices y patrones del lenguaje, se ajustan los parámetros internos para prever la siguiente palabra en una oración o para completar un fragmento de texto de manera coherente.

El siguiente acto es crítico: calcular la pérdida. Al medir la discrepancia, la máquina compara sus predicciones con la realidad. Ello se asemeja a la evaluación de un maestro que califica la tarea de

> ChatGPT aprende como lo hace un músico: practica una pieza o canción varias veces hasta ejecutarla de forma perfecta.

un estudiante e indica dónde se necesita una corrección. La información resultante y el algoritmo de optimización guían al modelo para ajustar sus conexiones —o sea, sus sinapsis artificiales—, con el objetivo de minimizar esa discrepancia. Este ciclo se repite en bucles iterativos, llamados *épocas*, y cuando el modelo observa más ejemplos, ajusta sus conexiones de manera más precisa y afina su capacidad para predecir y entender.

En resumen, el modelo aprende como lo haría un músico: practica una pieza varias veces hasta ejecutarla de forma perfecta. Sin embargo, en el caso del modelo, la perfección es relativa. Para medirla, se evalúa su funcionamiento en conjuntos de datos de validación, lo cual asegura que no aprendió de memoria, sino que capturó patrones generalizables. Si se encuentran desviaciones —por ejemplo, si la melodía no suena bien al interpretar nuevas piezas—, se deben volver a ajustar los parámetros del modelo en una especie de baile constante entre exposición y ajuste… entre la teoría y la práctica.

Finalmente, el modelo demuestra su habilidad en diversas tareas lingüísticas, desde completar frases hasta responder preguntas; de esta manera, se considera que terminó su entrenamiento. Así, se convierte en un lingüista autodidacta, capaz de entender contextos complejos y responder con coherencia. Este proceso, a veces complejo y abstracto, es la esencia del entrenamiento de un LLM. Es un acto de enseñanza y aprendizaje donde la máquina se sumerge en el vasto océano de la lengua y emerge con la capacidad de comunicarse en un nivel que desafía las fronteras entre lo humano y lo artificial.

Los siguientes aspectos fundamentales del funcionamiento de los LLM se conocen como *atención* y *contexto*. Para entenderlos, se puede imaginar que se establece una conversación profunda en donde la atención se enfoca en ciertas palabras o frases clave que definen el significado general de la charla. En ese momento, se aplica una propia versión de atención.

Los modelos LLM utilizan un concepto similar, pero mucho más sofisticado, cuyo objetivo es capturar relaciones complejas y entender contextos: es como si las máquinas estuvieran aprendiendo a destacar palabras y partes específicas del texto, y expresaran «Aquí es donde se debe prestar mayor atención».

Por ejemplo, para traducir una frase de un idioma a otro, el sistema de atención resalta las palabras clave que representan mejor el significado de la oración y que, por lo tanto, tienen una mayor influencia al momento de traducir. Si la frase original menciona una acción en un lugar específico, el sistema se enfocaría en este para garantizar que la traducción sea precisa y conserve un contexto relevante.

Esta capacidad de atención es particularmente útil en situaciones donde el contexto es la clave para comprender completamente el significado. Por ejemplo, si alguien formula una pregunta compleja en un modelo de lenguaje conversacional, el modelo puede aplicar su atención para recordar los detalles anteriores de la conversación y proporcionar una respuesta coherente. Este enfoque selectivo permite que los LLM simulen una comprensión humana del contexto. La máquina no solo parece leer palabra por palabra, sino interpretar el texto de manera holística, recordando y dando peso a la información relevante para ofrecer respuestas más informadas y coherentes.

En resumen, la atención en los LLM asemeja la destreza de un buen oyente que captura las partes esenciales de una conversación para comprender y responder de forma sensata. Esta capacidad de centrarse en lo esencial en medio de información abundante es un aspecto clave en el arsenal de los LLM que les permite no solo procesar el lenguaje, sino también entenderlo a un nivel más profundo.

Por otro lado, los *transformers* representan el epítome de un nuevo paradigma dentro del aprendizaje profundo y el procesamiento del lenguaje natural. Estos son la arquitectura maestra detrás de muchos modelos de lenguaje modernos, incluido ChatGPT y se puede pensar en ellos como una red neuronal gigante y altamente eficiente, con capas de atención y múltiples cabezas que trabajan en conjunto.

En el núcleo de un *transformer* existe una estructura de codificación y decodificación que, como en el caso de cualquier modelo o algoritmo, interpreta la información de entrada para generar respuestas significativas, la diferencia radica en cómo maneja la atención. Por ejemplo, para generar una respuesta, ChatGPT aplica lo que se conoce como *atención multicabeza*, en ella, cada cabeza de atención es como una experta que se enfoca en aspectos específicos del texto y que permite al modelo entender las relaciones entre palabras distantes, capturando el contexto de manera rica y profunda. Además, este proceso de atención es bidireccional, lo que significa que el modelo no solo toma en cuenta las palabras anteriores a una determinada posición, sino que predice las palabras futuras, optimizando su capacidad para generar respuestas coherentes.

Para responder, cada cabeza de atención se enfoca en diferentes partes de una pregunta. Después, todas las cabezas trabajan en conjunto, como si fueran un comité de expertas, para entender el significado integral de la consulta. Por último, el modelo genera una respuesta, aplicando de nuevo la atención para asegurarse de que cada palabra está en sintonía con el contexto general.

Este proceso se repite en cada intercambio, haciendo que ChatGPT sea un maestro de la conversación contextual. No obstante, como sucede con cualquier modelo con un talento excepcional, este también tiene limitantes.

> A veces, ChatGPT puede malinterpretar el contexto o generar respuestas que parecen lógicas pero que no son del todo precisas.

El siguiente paso en la generación de las respuestas de un LLM es la definición del contexto; es decir, elegir qué parte del acervo es relevante para el tema de la charla. Para decidir qué palabras son relevantes en la conversación, el modelo utiliza mecanismos llamados *cerebros de atención*, los cuales contienen parámetros únicos para calcular los pesos de cada palabra en el contexto de la conservación y predecir la siguiente palabra. Por ejemplo, GPT-2, uno de los predecesores de GPT-4, utiliza 12 cerebros de atención para analizar un contexto de conversación de, aproximadamente, mil tokens o palabras, mientras que las versiones más recientes utilizan redes neuronales recursivas con múltiples capas, cada una con múltiples cerebros de atención y con un número de parámetros que son órdenes de magnitud mayor. Esto incrementa la precisión del cálculo de la relevancia de cada palabra dentro del contexto de conversación, haciéndolo cada vez más creíble.

Paola: ¿Cómo funcionas?

ChatGPT: Soy un modelo de lenguaje desarrollado por OpenAI llamado GPT-3.5. Mi nombre es ChatGPT y funciono utilizando una arquitectura de red neuronal llamada *transformer*. Aquí hay una descripción básica de cómo opero:

- *Arquitectura transformer*: la arquitectura *transformer* es la base de mi diseño. Esta arquitectura utiliza mecanismos de atención para procesar y generar texto. Puede entender contextos más amplios y captar relaciones complejas en el lenguaje.

- *Aprendizaje supervisado y no supervisado*: me entrenaron utilizando un enfoque de aprendizaje mixto que involucra tanto datos supervisados como no supervisados. Los datos supervisados incluyen ejemplos de entrada y salida del modelo, mientras que los datos no supervisados provienen de la vasta cantidad de texto disponible en la web.

- *Generación de texto*: puedo generar texto en función de las instrucciones que recibo. Estas instrucciones pueden ser preguntas, solicitudes de información o cualquier forma de entrada de texto. Utilizo el contexto proporcionado para comprender la tarea y generar una respuesta coherente y relevante.

- *Modelo de gran escala*: GPT-3.5 es un modelo de lenguaje de gran escala, lo que significa que tiene una gran cantidad de parámetros (175 000 millones) que se ajustaron durante el entrenamiento. Esta escala contribuye a mi capacidad para manejar tareas complejas y producir textos de alta calidad.

- *Conocimiento basado en datos hasta 2022*: mi conocimiento se basa en datos recopilados hasta enero de 2022. No tengo acceso a información en tiempo real y no tengo la capacidad de navegar por la web o acceder a datos más allá de esa fecha.

- *Interactividad*: soy interactivo y puedo responder a una amplia variedad de consultas y proporcionar información en diversos temas. Sin embargo, es importante tener en cuenta que mi conocimiento se limita a lo que se sabía hasta mi fecha de corte.

Paola Villarreal

Esencialmente, mi función principal es procesar el lenguaje natural y generar respuestas coherentes y contextuales en función de las instrucciones que recibo. Mi desarrollo se centra en mejorar la comprensión del lenguaje y en ser una herramienta útil para una variedad de aplicaciones, desde responder preguntas hasta ayudar en la generación de texto creativo.

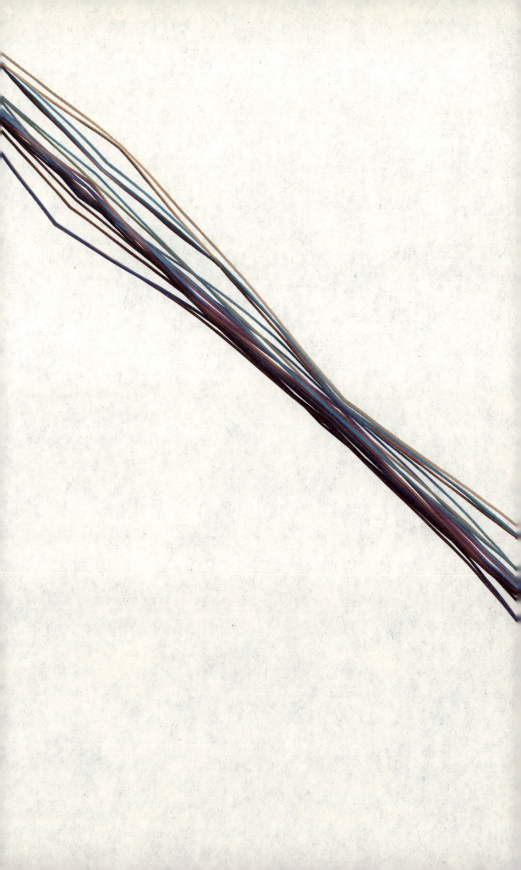

Sueños, realidades

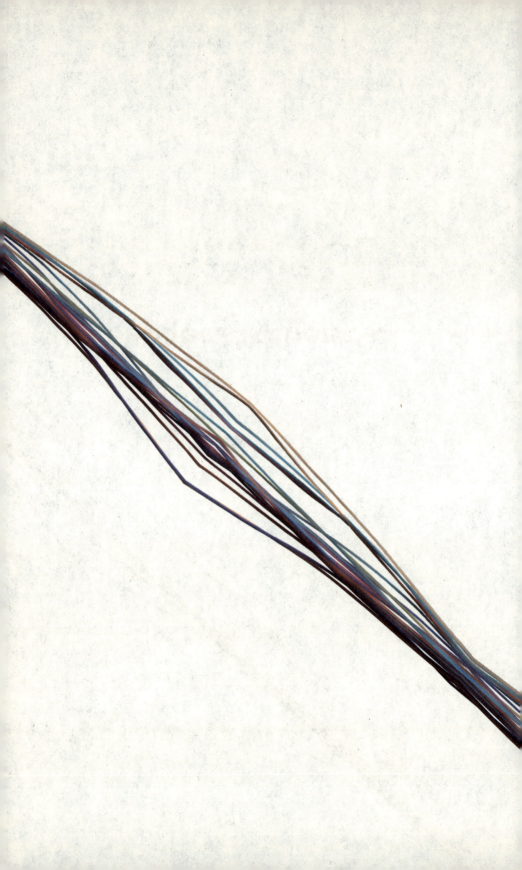

Para comenzar a desmitificar la IA y separar la realidad de los sue-
ños, es fundamental dividirla en dos categorías: la primera es
la IAE o inteligencia artificial específica; es decir, aquella que realiza
una acción concreta sin incidir en otras acciones, por ejemplo, conducir un auto. La segunda es la IAG o inteligencia artificial general,
la cual es capaz de realizar cualquier acción, física e intelectual, de la
misma forma que un ser humano.

> **Incluso puede ir más allá al utilizar
> sensores, conocimientos y herramientas
> artificiales para ampliar su rango de acción.**

En la actualidad, solo existen aplicaciones de IAE y es poco probable
que se realicen esfuerzos serios por desarrollar proyectos de IAG,
pues significaría una tarea titánica. Solo Estados con la suficiente
capacidad técnica podrían considerar construir una IAG. Por supuesto, de existir dichos esfuerzos, estarían encaminados a proyectos
bélicos y significarían esfuerzos más grandes, incluso, superarían
en complejidad a la carrera espacial o al desarrollo de la bomba
atómica.

El término IA ha sido controversial desde sus inicios, pues no solo describe las capacidades de la tecnología en un momento determinado, sino también lo que algunas personas, incluyendo vendedores, dicen que es, en muchos casos para incrementar sus ventas o llevar atención a sus proyectos. Como resultado, la IA ha sido percibida como una herramienta de marketing carente de sustento técnico real. Esto ha socavado su credibilidad y ha generado la idea de que sus alcances están sobreestimados.

Conceptos como la *conciencia* y el *libre albedrío* se han utilizado muchas veces en la descripción de los sistemas de IA, sin embargo, estos conceptos distan tanto de la realidad que se ha desistido en los esfuerzos por encontrar una definición más certera y apegada, pues su referente no son entes conscientes, sino sistemas específicos que se enfocan en apenas una gama limitada de acciones.

El sueño de la IAG

Aunque las supercomputadoras actuales cuentan con millones de procesadores optimizados para IA, no tienen como objetivo desarrollar tecnologías de IAG. Más bien, utilizan su amplio poder de cómputo para simular procesos complejos a través de redes neuronales artificiales, desde el modelaje de la atmósfera, con el que se busca predecir el cambio climático, hasta la fusión nuclear y el cosmos. La razón es muy sencilla: a diferencia de los procesos de pensamiento, estos fenómenos se pueden moldear. Para entender esto es importante considerar que, mientras los átomos siguen leyes de la física que pueden traducirse en algoritmos, en realidad no existen reglas ni leyes que regulen el funcionamiento de la mente y, por ende, no ha sido posible modelarla. Hacerlo implicaría superar las limitaciones actuales de la IA, que se destaca por realizar tareas específicas, pero que carece de la versatilidad cognitiva y la adaptabilidad de la mente humana, la cual se basa en numerosos procesos conscientes y subconscientes, de naturaleza muy dinámica y subjetiva.

Además, la inteligencia humana no se da en aislamiento ni fuera del contexto cultural, social, político e histórico. El proceso de aprendizaje de la mente es elástico, incremental y con una característica que la hace casi imposible de replicar por las computadoras actuales: no es un proceso determinista; es decir, no se puede garantizar que dos personas perciban, procesen y reaccionen de igual forma ante un mismo estímulo, incluso si comparten el mismo contexto.

> **Esta característica es el libre albedrío; es, posiblemente, la más difícil de emular y la que quizás ayudará a distinguir entre tipos de inteligencia en el futuro.**

Sin embargo, investigadores y científicos continúan avanzando en la comprensión de la inteligencia y preguntándose si, en un futuro, será posible replicar la complejidad del pensamiento humano a través de algoritmos y sistemas.

La respuesta tiene tres vertientes: la primera depende del desarrollo de nuevos materiales superconductores que permitan rebasar los límites actuales en términos de velocidad, consumo de energía y tamaño, ya que las supercomputadoras actuales son sumamente ineficientes para realizar operaciones, sobre todo teniendo en cuenta que el cerebro humano pesa aproximadamente 1 400 g, tiene un volumen de 1 300 cm^3 y consume solamente 12 W, imitarlo representa un desafío considerable en el futuro cercano, pues incluso las supercomputadoras actuales en los grandes centros de datos no han logrado reproducir sus capacidades.

La segunda respuesta tiene que ver con alcanzar un mayor entendimiento de la mente humana. Entender la capacidad de aprender de experiencias, razonar en contextos complejos, comprender el lenguaje natural, tener sentido común y empatizar es un reto significativo y requiere alcanzar logros sustanciales si se desean obtener modelos y algoritmos que la repliquen. La tercera respuesta invierte el problema por completo y propone, en lugar de simular la mente, aumentar sus capacidades a través de la implantación quirúrgica de microchips para convertir a los humanos en cíborgs. En este caso, la inteligencia y las capacidades de las personas serían aumentadas a través de la tecnologías. Las tres opciones representan interesantes propuestas que, de concretarse, tendrían un papel importante en el futuro de las tecnologías pero, sobre todo, impactarían en la vida de millones de personas.

> **En resumen, alcanzar la IAG es un objetivo ambicioso que implica superar varios desafíos técnicos, teóricos y éticos, entre los que se encuentra la comprensión de la inteligencia humana y desarrollar la empatía.**

De concretarse en el futuro, los sistemas de IAG deberán tener la capacidad de aprender de manera autónoma sobre una amplia variedad de temas, lo cual va más allá del aprendizaje supervisado y no supervisado que se utiliza actualmente en la IA. La IAG deberá ser capaz de adquirir habilidades y conocimientos nuevos sin ningún tipo de supervisión. Adicionalmente, tendrá que ser capaz de transferir conocimientos y habilidades aprendidos en un contexto a otro de manera efectiva, similar a como los humanos implementan sus aprendizajes en situaciones nuevas y diversas. Por si lo anterior fuera poco, deberá contar con la capacidad de realizar razonamientos abstractos, pensar de manera creativa y resolver problemas complejos, lo cual significaría que no solo es capaz de seguir reglas y entender hechos, sino también de comprender conceptos abstractos y encontrar soluciones novedosas. Finalmente, lo más complejo de replicar será también lo más abstracto y lo más humano: el sentido común, la conciencia y la empatía. La IAG deberá comprender el contexto donde se encuentre y aplicar el sentido común con efectividad, lo cual implica entender situaciones sociales, interpretar el lenguaje en un contexto específico y tomar decisiones basadas en un entendimiento profundo del mundo.

En resumen, aunque existen avances interesantes e implementaciones de IAE muy novedosos y sorprendentes, aún estamos lejos de alcanzar una verdadera IAG. Para lograrla, es muy probable que se deba trazar una ruta de desarrollo totalmente nueva e independiente de la actual. Esta ruta no solo tendría que sintetizar toda la experiencia del cómputo moderno, sino también imaginar nuevos límites científicos, tecnológicos y humanistas. Si la IAG se lograra, definiría una nueva era en la historia de la humanidad, tal como lo hicieron el fuego, la piedra, el bronce y el acero.

> La IA deberá ser consciente de sí misma y de los demás para poder desarrollar la empatía y la compresión de las emociones.

Lo que es definitivo es que, aunque la IAG no se ha concretado aún, en la actualidad la IAE impacta de forma significativa en la vida de millones de personas. Áreas como el trabajo, la salud, la justicia y el entretenimiento, entre otras, han sido afectadas a raíz de la implementación de sistemas inteligentes que han prometido automatizar y agilizar procesos tediosos, además de mejorar la precisión en la toma de decisiones fundamentales para las personas, sin tomar en cuenta que, en muchos casos, los efectos secundarios son negativos para muchas de ellas.

Paola: ¿Qué tan factible es la IAG?

ChatGPT: La IAG, también conocida como inteligencia artificial fuerte o inteligencia artificial completa, se refiere a un sistema de IA que posee la capacidad de entender, aprender y aplicar conocimientos de manera similar a un ser humano, en una amplia variedad de tareas cognitivas. Aunque la idea de lograr IAG es emocionante, en la actualidad, existe un consenso en la comunidad científica de que la consecución de la IAG está lejos de ser inminente y presenta varios desafíos significativos. Aquí hay algunas razones que explican la dificultad y la falta de factibilidad inmediata de la IAG:

- *Complejidad del cerebro humano*: el cerebro humano es extraordinariamente complejo, con billones de conexiones sinápticas y una capacidad de procesamiento paralelo masivamente distribuido. Entender completamente cómo funciona el cerebro y replicar esa complejidad en un sistema artificial es un desafío colosal.
- *Variedad de tareas cognitivas*: los humanos son capaces de realizar una amplia variedad de tareas cognitivas, desde el reconocimiento de patrones hasta el razonamiento abstracto y la creatividad. Desarrollar un sistema que pueda abordar todas estas dimensiones de la inteligencia es enormemente complicado.

- *Transferencia de conocimiento*: los humanos pueden transferir conocimientos aprendidos en una tarea a situaciones completamente nuevas. La capacidad de generalización y adaptación a contextos diversos es un desafío clave para la IAG, ya que no solo implica aprender de manera eficiente sino también aplicar ese conocimiento en nuevos contextos.
- *Conciencia y comprensión profunda*: la IAG requeriría no solo la capacidad de procesar información, sino también de comprenderla de manera profunda, incluida la conciencia de uno mismo y la conciencia del mundo que lo rodea. La replicación de estos aspectos complejos de la cognición humana es una tarea difícil.
- *Ética y responsabilidad:* la IAG plantea importantes preguntas éticas y de responsabilidad. ¿Cómo se gestionarán los sistemas de IAG para garantizar decisiones éticas? ¿Cómo se manejarán las posibles consecuencias negativas de la IAG?
- *Limitaciones tecnológicas actuales*: aunque ha habido avances significativos en IA, las tecnologías actuales están lejos de alcanzar la complejidad y la versatilidad del pensamiento humano. La computación cuántica y otras tecnologías emergentes pueden ofrecer nuevas perspectivas, pero aún están en desarrollo.

En resumen, la IAG es una meta desafiante y, en la actualidad, la mayoría de los sistemas de IA se centran en tareas específicas y limitadas. Si bien la IA ha demostrado ser sorprendentemente capaz en campos específicos como el reconocimiento de imágenes y el procesamiento del lenguaje natural, la capacidad de crear una máquina que pueda emular completamente la amplitud y la profundidad del pensamiento humano sigue siendo un objetivo a largo plazo. La investigación y el desarrollo continuos son esenciales para avanzar hacia este objetivo, pero la factibilidad inmediata de la IAG sigue siendo incierta.

La IA y los robots

En algún momento, muchos de los objetos que utilizamos de forma cotidiana fueron prototipos que maduraron y pasaron a ser de uso común: desde las estufas hasta los relojes de mano, sin dejar de mencionar los automóviles y los aviones. Todos estos inventos atravesaron fases de pruebas durante las cuales era normal que sufrieran desperfectos —unos más graves que otros—, los cuales hoy son poco comunes y se convertirían en noticia mundial si sucedieran. Por ejemplo, las estufas domésticas solían ser una preocupación importante para las familias, pues era común que la llama piloto se apagara y dejara escapar el gas, poniendo a los habitantes de la casa en riesgo de muerte. Este peligro latente inspiró diversas innovaciones tecnológicas, incluyendo la incorporación del mercaptano al metano para proporcionar a este gas inodoro el olor a huevo podrido que lo caracteriza y permitir que los usuarios pudieran detectar fugas. Asimismo, se puede comparar el riesgoso primer vuelo del Kitty Hawk —el primer avión a motor inventado por los hermanos Wright a principios del siglo XX— con lo normal y seguro que es volar hoy para entender que los humanos innovamos de manera paulatina e incremental. De esta misma forma, tanto la IA como la robótica han evolucionado y evolucionarán una vez que se consolide la intersección entre ambas.

Si bien la robótica ha aprovechado la IA para tomar decisiones de manera autónoma, el intercambio se ha limitado a campos muy específicos y controlados. Por ejemplo, en la intersección entre

> Podríamos decir que la robótica y la IA, individualmente, están en sus años de infancia y comienzan a mostrar signos de madurez; sin embargo, en conjunto, todavía están en pañales y aprendiendo a gatear.

robótica, IA y agricultura, existe un robot agricultor que se monta a los tractores estándar para eliminar las plagas sin dañar la siembra. Esta tecnología utiliza cámaras, modelos de IA entrenados para clasificar elementos en dos categorías (siembra y plaga) y rayos láser para pulverizar las plagas. Otra intersección interesante, aunque aún hay muy pocos ejemplos de ella, es la que sucede entre la robótica, la IA y la medicina quirúrgica, la cual tiene el potencial de asistir a los cirujanos y reducir sus errores. Al igual que sucede con el robot agricultor, un robot quirúrgico podrá discernir entre tejido sano y enfermo, y prevenir cortes accidentales a vasos sanguíneos, lo cual puede reducir significativamente la invasividad de las cirugías, mejorar los tiempos de recuperación y aumentar los casos de éxito.

Paola: ¿Cuál es el impacto de la intersección entre la IA y la robótica?

ChatGPT: La intersección entre la IA y la robótica tiene un impacto significativo en diversos aspectos de la sociedad, la economía y la vida cotidiana. Esta convergencia ha dado lugar a avances tecnológicos que transforman industrias, mejoran la eficiencia y presentan nuevos desafíos éticos y sociales. Aquí se exploran algunos de los impactos clave de esta intersección:

 Automatización y eficiencia industrial: la combinación de la IA y la robótica ha llevado a una automatización avanzada en la industria. Los robots inteligentes pueden realizar tareas repetitivas con precisión y eficiencia, lo que aumenta la producción y reduce los errores. Esto ha llevado a mejoras en la eficiencia y la calidad en sectores como la manufactura y la logística.

Robótica asistencial y de servicio: los robots que han adquirido capacidades de aprendizaje y adaptación gracias a la IA se están utilizando cada vez más en entornos de atención médica y asistencia. Desde robots quirúrgicos hasta dispositivos de asistencia para personas mayores, la combinación de IA y robótica está transformando la forma en que se brindan servicios y cuidados.

- ⟳ *Vehículos autónomos*: la IA desempeña un papel crucial en el desarrollo de vehículos autónomos. Desde automóviles hasta drones y robots de reparto, la integración de algoritmos de aprendizaje automático permite que estos vehículos tomen decisiones en tiempo real, basadas en su entorno. Esto no solo tiene implicaciones en el transporte, sino también en la logística y en la entrega de bienes.
- ⟳ *Ética y desafíos laborales*: la automatización impulsada por la IA y la robótica plantea desafíos éticos y laborales. A medida que las máquinas asumen tareas tradicionalmente realizadas por humanos, surgen preguntas sobre el impacto en el empleo y la necesidad de repensar las estructuras laborales y la capacitación profesional.
- ⟳ *Integración en la vida diaria*: la IA y la robótica están cada vez más presentes en la vida diaria de las personas. Desde asistentes personales virtuales hasta robots domésticos, la tecnología está destinada a facilitar las tareas cotidianas y mejorar la calidad de vida.
- ⟳ *Desarrollo de la IA social*: la intersección entre la IA y la robótica ha dado lugar al desarrollo de la IA social, que busca que los robots interactúen de manera más natural con los humanos. Esto tiene aplicaciones en la asistencia social, la educación y la interacción social en general.
- ⟳ *Desafíos éticos y de seguridad*: la creciente presencia de robots autónomos y sistemas de IA plantea cuestiones éticas, como la toma de decisiones moralmente relevantes, la privacidad y la seguridad. La implementación responsable y ética de estas tecnologías se vuelve crucial para evitar posibles impactos negativos.

En conclusión, la intersección entre la IA y la robótica está dando forma a una nueva era de tecnologías avanzadas con impactos significativos en diversos aspectos de la sociedad. Aunque presenta oportunidades emocionantes, también plantea desafíos que deben abordarse cuidadosamente para garantizar un desarrollo equitativo y ético de estas tecnologías emergentes. La comprensión y la gestión responsables de esta intersección son fundamentales para maximizar los beneficios y minimizar los riesgos asociados.

La IA y el empleo

Históricamente, la innovación tecnológica ha afectado de forma directa el trabajo al reemplazar a los trabajadores con artefactos que van desde el más rudimentario hasta el más avanzado. Ejemplos de ello son las yuntas, claves para la revolución agrícola que marcó el fin de la vida nómada, y los algoritmos de IA que, junto con soluciones robóticas, sustituyen a millones de personas que realizan labores repetitivas o de alto riesgo, como cajeros de supermercados, bomberos, policías o soldados.

> **Aunque la tecnología ha desplazado y dejado sin trabajo a millones de personas, también ha generado empleos.**

Por ejemplo, la invención de la telefonía creó el puesto de telefonista, quien era el encargado de conectar llamadas. Esta labor, repetitiva y tediosa, fue sustituida posteriormente por unidades centrales que desplazaron a los telefonistas, pero generaron demanda de especialistas y técnicos capaces de administrarlas. En el desarrollo tecnológico es común que se creen, destruyan o transformen algunos empleos; sin embargo, a diferencia de otras tecnologías, la IA representará un cambio de raíz en cientos de ámbitos laborales, lo que significará un éxodo masivo de empleos y requerirá la adaptación —llamada por algunos *reentrenamiento*— de millones de personas en las próximas décadas.

Paola Villarreal

¿Qué empleos están en riesgo de ser sustituidos por la IA?

De acuerdo con reportes sobre el futuro del trabajo, en los próximos cinco años más del 75 % de las empresas buscará implementar tecnologías relacionadas a la IA, lo cual representará desafíos interesantes en el mercado laboral, pues, en definitiva, a pesar de que serán estas las principales impulsoras de nuevos empleos en casi todas las industrias, su implementación afectará millones de empleos. Por ello, es indispensable analizar para qué son buenos los algoritmos y modelos y para qué somos buenos los humanos, con la finalidad de reducir las probabilidades de que nuestro empleo se vea afectado por la IA y, más bien, podamos aprovecharla para tomar ventajas competitivas.

En primer lugar, es crucial recordar que los algoritmos y modelos de IA son esencialmente recetas que buscan identificar patrones. Como consecuencia, cualquier trabajo que siga pautas y tenga tareas bien definidas y segmentadas es susceptible de ser automatizado. Cajeros de supermercados, empleados de mostrador, agentes de seguridad y obreros industriales son ejemplos de roles que pueden ser reemplazados. Algunos, incluso, ya han sido sustituidos por robots o por sistemas de IA industrial.

> **Uno de los sectores más impactados por la automatización es el de la manufactura y la cadena de producción.**

Tareas como el ensamblaje y la inspección de productos, anteriormente realizadas por humanos, serán asumidas gradualmente por robots equipados con algoritmos de visión por computadora. Este cambio mejorará la precisión y la velocidad de los procesos, pero pondrá en riesgo empleos que dependen de habilidades mecánicas y rutinas repetitivas, y que se distinguen por sus salarios bajos y altos riesgos físicos.

Otro sector vulnerable es el de servicios administrativos, donde la automatización de procesos robóticos (RPA) ha ganado terreno. Tareas como la entrada de datos, la generación de informes y la gestión de documentos, que solían consumir una parte significativa del tiempo de los empleados, están siendo automatizadas mediante software especializado. Esto plantea la posibilidad de disminuir la demanda de roles puramente administrativos, dejando espacio para la evolución a roles más estratégicos y creativos.

Sin embargo, con el surgimiento reciente de la IA generativa, incluso los trabajadores de la industria creativa, como desarrolladores web, diseñadores gráficos, músicos, pintores y cineastas podrían ser asistidos en algunos casos o totalmente sustituidos, especialmente en situaciones donde los presupuestos son limitados y el tiempo es escaso. Lo anterior es posible, a pesar de que el valor fundamental de los artistas y creativos reside en la propia expresión estética, cuya completa automatización mediante herramientas de IA es improbable. La amenaza que plantean la IA generativa y los modelos generativos entrenados con millones de obras artísticas radica en el robo de propiedad intelectual y en el acceso de clientes que, en muchas ocasiones, subestiman el verdadero valor del trabajo artístico.

El ámbito de la atención al cliente también experimenta cambios notables.

> **Los chatbots, alimentados por IA y el procesamiento del lenguaje natural, ya se están implementando para manejar consultas comunes y proporcionar respuestas rápidas y precisas.**

Mientras esto mejora la eficiencia en el servicio al cliente, también amenaza empleos que implican interacciones rutinarias y consultas simples. Los agentes de servicio al cliente podrían verse desplazados en ciertas funciones, aunque se espera que su papel evolucione hacia la gestión de problemas más complejos, la creatividad y la interacción humana de alto valor.

El impacto en la experiencia del cliente es evidente, ya que la velocidad y la precisión en las respuestas contribuyen a una experiencia más satisfactoria, aunque se reconoce la importancia de mantener un equilibrio entre la eficiencia de la automatización y la necesidad de la empatía humana. A medida que la IA continúa evolucionando, se vislumbra un futuro en el que la colaboración estrecha entre la tecnología y los profesionales de servicio al cliente podría ser la clave para ofrecer experiencias únicas y efectivas. En este escenario, los agentes humanos encontrarían un nuevo rol destacando en la gestión de interacciones más complejas y en la creación de experiencias personalizadas.

La automatización a través de soluciones de IA también afecta a los trabajadores del transporte y la logística. Los avances en la conducción autónoma y la optimización de rutas pueden reducir la necesidad de conductores de camiones y repartidores. Aunque esto podría generar eficiencias en la cadena de suministro, plantea desafíos en términos de reconversión laboral para las personas cuyos empleos dependen de habilidades de conducción.

En el sector financiero, la automatización de tareas rutinarias en análisis de datos, detección de fraudes y procesamiento de transacciones también está transformando roles tradicionales.

> **En este sentido, se espera que surjan trabajos más especializados en la interpretación de resultados y en la toma de decisiones estratégicas.**

En resumen, la automatización de tareas repetitivas a través de modelos de IA está impactando una variedad de empleos en diferentes sectores. Si bien esta transformación conlleva riesgos de desplazamiento laboral, también representa una oportunidad de redefinir roles y establecer tareas más desafiantes, creativas y significativas. La adaptación y la actualización de habilidades son cruciales para que los trabajadores se beneficien de este cambio, y contribuyen a que la fuerza laboral sea más ágil y esté mejor preparada para los desafíos del futuro.

Paola: ¿Cuál es el impacto de la IA en el empleo?

ChatGPT: La implementación creciente de la IA en diversos sectores tiene un impacto significativo en el empleo, tanto en términos de cambios en la naturaleza del trabajo como en el surgimiento de nuevas oportunidades. Aquí se exploran algunos aspectos clave del impacto de la IA en el empleo:

 Automatización de tareas repetitivas: la IA es capaz de automatizar tareas repetitivas y rutinarias, lo que puede llevar a la reducción de empleos en roles que implican actividades predecibles y estructuradas. Esto afecta especialmente a trabajos en sectores como la manufactura y la logística.

§ *Transformación de roles y habilidades:* a medida que la IA asume tareas rutinarias, se espera que los trabajadores se centren en funciones que requieran habilidades humanas únicas, como la creatividad, la empatía y la toma de decisiones complejas. Esto puede llevar a la transformación de roles y la demanda de habilidades más orientadas hacia la resolución de problemas y la creatividad.

§ *Creación de nuevos empleos*: aunque la IA puede eliminar ciertos trabajos, también está creando nuevos empleos en campos relacionados con el desarrollo, mantenimiento y supervisión de sistemas de IA. Además, surgen oportunidades en sectores emergentes impulsados por la tecnología.

§ *Asistencia y complemento laboral:* la IA también puede servir como asistente y complemento para los trabajadores, aumentando su productividad y capacidad. Herramientas de IA que ayudan en la toma de decisiones, el análisis de datos y la automatización de procesos pueden mejorar la eficiencia laboral.

§ *Desafíos en sectores específicos*: algunos sectores pueden experimentar una interrupción más significativa debido a la IA. Por ejemplo, la automatización en la industria del transporte puede afectar a los conductores, mientras que la IA en el ámbito de la atención médica puede transformar la forma en que se realizan diagnósticos y se lleva a cabo la atención al paciente.

§ *Necesidad de reciclaje y desarrollo de habilidades*: la implementación de la IA destaca la importancia del reciclaje y desarrollo continuo de habilidades. Los trabajadores deben adaptarse a la evolución tecnológica, adquiriendo habilidades relevantes para colaborar efectivamente con sistemas de IA.

§ *Impacto en la distribución de ingresos*: la automatización puede tener un impacto en la distribución de ingresos, ya que algunos trabajadores pueden verse afectados más que otros. Es crucial abordar las disparidades y garantizar que los beneficios de la IA se distribuyan equitativamente.

Ética y consideraciones sociales: la introducción de la IA plantea cuestiones éticas y sociales relacionadas con la pérdida de empleo, la privacidad y la toma de decisiones automatizada. Es necesario abordar estos problemas para garantizar que la implementación de la IA beneficie a la sociedad en su conjunto.

En conclusión, el impacto de la IA en el empleo es un fenómeno complejo y multifacético. Aunque la automatización puede cambiar la naturaleza de ciertos trabajos, también crea nuevas oportunidades y resalta la importancia de habilidades humanas únicas. La adaptación continua y la gestión ética son esenciales para mitigar los posibles desafíos y aprovechar los beneficios de la IA en el ámbito laboral.

Discriminación por máquina

Parte de la controversia sobre la IA radica en que, en algunos casos paradigmáticos, ha sido la «cómplice perfecta»; es decir, un chivo expiatorio utilizado para negar la responsabilidad de las personas en circunstancias desfavorables. Por ejemplo, con la intención de reducir burocracia, agilizar procesos judiciales y generar un sistema más justo y neutral, se han implementado sistemas que contienen modelos o algoritmos de IA para decidir sobre la libertad de personas acusadas. No obstante, este sistema discrimina (tanto en su acepción de *seleccionar* como en la negativa de *excluir*) de forma más rápida y ágil a los detenidos, pues cumple con la premisa del aprendizaje automático que promueve que los modelos, los algoritmos y los sistemas reflejen, automaticen y agilicen el contexto en el que se aplican.

> **Es decir, si el algoritmo discrimina es porque su contexto discrimina.**

Lo anterior debe tomarse en cuenta cuando se considera la aplicación de la IA en ámbitos sociales importantes, como la salud, la educación, la justicia y el empleo, por nombrar algunos.

En el relativamente poco tiempo de existencia de los sistemas de cómputo y de la IA, varios gobiernos y empresas los han implementado con la intención de eficientar sus procesos: tanto en los trámites gubernamentales como en el análisis de los candidatos más aptos para un empleo o una vivienda, los algoritmos han tenido un gran impacto. Lo que antes tardaba una cantidad significativa de tiempo y numerosos recursos humanos hoy puede hacerse a través de sistemas, incluso a través de internet. Esto permite ahorrar recursos para que, en teoría, se puedan invertir en lo sustantivo.

Aunque es evidente que la implementación de sistemas, algoritmos y modelos plantea una ventaja, también es importante notar los «efectos secundarios» que pueden tener, los cuales no necesariamente son evidentes, pues además de que se esconden en los puntos ciegos de los programadores y los ingenieros en sistemas, tardan tiempo en revelarse. Esto puede encontrar su analogía en los años setenta, cuando los médicos recetaban talidomida para calmar las náuseas de mujeres embarazadas sin advertir los desastrosos efectos que el fármaco tenía en los bebés. Para entender los efectos del medicamento, tuvo que pasar el tiempo necesario para el término de cada embarazo y, después de una exhaustiva investigación sobre miles de bebés que nacieron con deformidades, se determinó una relación causal entre estas y el uso de la talidomida.

Así como existen casos en los que los sistemas de cómputo, algoritmos o modelos de IA han demostrado ser muy eficaces, su uso también ha tenido, al igual que la talidomida, resultados desastrosos. Las consecuencias negativas de esto solo se han podido identificar cuando han sido suficientemente graves y evidentes, y gracias al tiempo y esfuerzo invertido por equipos completos de profesionales.

A continuación se exploran algunos casos paradigmáticos donde los sistemas de clasificación y toma de decisiones automáticas han discriminado de forma sistémica a las personas de raza negra, latinas y migrantes. Esto ha obstaculizado su derecho a la privacidad, a la libertad de expresión y de asociación, a la salud, al empleo y a la vivienda. Aunque estos son los casos más graves y afectan a un gran número de personas, muchas entidades gubernamentales y empresas desarrollan y utilizan cotidianamente este tipo de sistemas con la finalidad de tomar decisiones sobre la población. Quizás esto suceda en menor escala de forma cotidiana, pero tiene la misma probabilidad de integrar y automatizar sesgos implícitos, y propiciar una discriminación algorítmica y silenciosa.

Justicia algorítmica

Las agencias de seguridad pública utilizan cada vez más sistemas de IA, aprendizaje automático y grandes bases de datos para perfilar a las personas e intentar predecir si cometerán o reincidirán en un delito.

> **El problema de estas bases de datos radica en que son generadas a partir de información que proviene de los propios departamentos de policía y, además de ser bastante inexactos, describen lugares donde el sistema de justicia ya cuenta con amplia presencia.**

Esto los hace poco útiles para predecir delitos en otros lugares y, por si fuera poco, refuerza la noción de que los sitios en donde la policía ya tiene presencia son precisamente donde se cometen los delitos, lo cual constituye un caso clásico de sesgo del observador, en el que tanto los intereses como las opiniones y los prejuicios afectan la manera en que se recolectan y procesan datos que se usan para entrenar modelos. Por lógica, los resultados de este proceso estarán sesgados y no se apegarán necesariamente a la realidad.

Además, en muchos casos, estas grandes bases de datos también contienen información demográfica, como el origen racial o étnico, el género y la edad, así como los códigos postales y otros datos personales que se utilizan para perfilar a un delincuente. Con base en estos datos, se determinan acciones cotidianas de los cuerpos policiales, por ejemplo, el patrullaje.

Sin embargo, los modelos predictivos no solo se utilizan en el sistema de justicia para calcular probabilidades de delitos o generar perfiles delincuenciales, sino que ayudan a tomar decisiones importantes para millones de personas, como la determinación de sentencias penales e, incluso, la custodia de menores de edad. Programas como PredPol, que predice la probabilidad de ocurrencia de un crimen; el software COMPAS (Correctional Offender Management

Profiling for Alternative Sanctions), que ayuda a que los jueces determinen una sentencia con base en el riesgo de que alguien reincida en la comisión de un delito, o ProKid se han incrustado en los sistemas de justicia de decenas de ciudades de Estados Unidos, Reino Unido, Australia, Países Bajos, etcétera.

Por supuesto, otras vertientes de la IA asisten en estos procesos; por ejemplo, el reconocimiento facial y de voz son utilizados en programas diseñados para obtener información sobre poblaciones que los propios cuerpos de justicia determinan como de especial interés.

Imagina por un momento que eres un hombre latino que camina por una calle de Beverly Hills, en Los Angeles, California. Te encuentras ahí, cerca de un centro comercial, porque dentro de él se encuentra una tienda de zapatos donde una reconocida marca puso a la venta sus nuevos tenis exclusivamente en esa sucursal. En el camino, notas que una patrulla pasa por tu lado, baja la velocidad y te sigue el paso. Poco tiempo después, hace sonar su sirena antes de detenerse frente a ti. De ella salen dos oficiales empuñando sus armas y se dirigen hacia ti.

¿Qué sucedió para que los oficiales decidieran detenerte e interrogarte? Es posible que, en este caso, algún sistema de determinación de riesgo alertara a los oficiales sobre el posible peligro que representa un hombre latino en un barrio mayoritariamente blanco y rico. Es posible, también, que los oficiales solo estuvieran siguiendo su «instinto». Lo que no es probable es que lo sepamos con certeza, pues, desafortunadamente, son pocos los departamentos de policía que admiten usar este tipo de tecnología.

Los sistemas de policía predictiva no solo se utilizan en el patrullaje calle por calle, sino también en las labores de vigilancia

> De cualquier forma, algorítmicamente o no, hemos sido víctimas de sesgo racial y étnico, cuyo resultado es el refuerzo de la discriminación policial hacia las minorías por el simple hecho de existir.

realizadas con cámaras de video y en la inteligencia en general, a través del análisis estadístico. Estos sistemas han promovido el *refuerzo algorítmico* de la discriminación a la que están expuestas ciertas minorías y personas pobres en muchas ciudades del mundo. Por ejemplo, en los Países Bajos, la policía ha utilizado desde 2011 un sistema de determinación de riesgo llamado ProKid, cuyo propósito es determinar qué tan probable es que un niño cometa algún delito.

Para el desarrollo de ProKid se utilizaron datos de más de treinta mil infantes: veinte mil niños y diez mil niñas, entre 12 y 18 años de edad, que fueron registrados en la base de datos de la policía como sospechosos, víctimas o testigos de algún delito. Los datos que se utilizaron incluyeron la bitácora de contactos de la policía, códigos postales, información sobre los padres y demás familiares, e información que no distinguía entre sospechosos, víctimas o testigos de algún delito. Finalmente, la base de datos incluía la edad, el género y otras estadísticas para categorizar a los niños en cuatro etiquetas: la roja indicaba un peligro crítico, la naranja señalaba a un niño problema, la amarilla correspondía a un riesgo potencial, y la blanca se asignaba a quienes no representaban un riesgo.

Desafortunadamente, como es común cuando se confía demasiado en los algoritmos o modelos sacrificando la transparencia y la rendición de cuentas, la realidad no correspondía a lo que reflejaban los sistemas. En el caso de ProKid, se encontró que, de los casi dos mil quinientos niños etiquetados como rojo, naranja o amarillo, solo mil quinientos fueron clasificados correctamente. Los casos restantes contaban con importantes imprecisiones, lo cual puso en perspectiva la efectividad de este sistema. Además del desastroso impacto que tenía que un niño fuera etiquetado como «riesgo potencial», tanto para él como para sus allegados, ProKid demostró que estos sistemas, en realidad, son la antesala para separar al menor de su familia. Adicionalmente, la clasificación de este sistema podía significar la criminalización del núcleo familiar entero, incluso si este no contaba con un registro delictivo previo. Finalmente, que un niño tuviera un perfil en ProKid o en algún sistema similar significaba el inicio de una serie de contactos automatizados —a través de algoritmos o modelos de IA— con el sistema de justicia, que lo afectaban de forma seria, inclusive, a través de sentencias criminales.

ProKid no es un caso aislado. Además de los Países Bajos, en el Reino Unido, Alemania, Italia, Ucrania, España, China, Corea, Japón y Estados Unidos se han desarrollado sistemas similares y, de acuerdo con diversas organizaciones no gubernamentales, entre las que se encuentran la Unión Americana de Libertades Civiles (ACLU), la Fundación Frontera Electrónica (EFF) y FairTrails, la mayoría no ha logrado tener un impacto significativo en la reducción del número de delitos, pero sí ha reforzado los sesgos raciales y de clase en contra de la población expuesta a este tipo de vigilancia.

En el hipotético caso en Beverly Hills, además del sistema de determinación de riesgo, pudieron haber estado involucradas cámaras de video montadas en patrullas y conectadas a centrales de inteligencia. Este sistema utiliza el reconocimiento facial y otras tecnologías para ordenar a los oficiales de policía, en tiempo real y con muy poca explicación de por medio, detener, interrogar, arrestar y procesar a personas con el afán de prevenir un delito hipotético.

Además, una vez que se realiza el arresto, es probable que otro sistema de definición de riesgo determine, con base en datos policiales y sociodemográficos, si el sospechoso puede llevar su proceso en libertad, tiene derecho a fianza o es retenido y acusado de algún delito. Finalmente, si se llega a juicio y se obtiene una condena, los jueces también utilizarán, en ambos casos, sistemas de IA que los asistirán para definir los castigos con base en la probabilidad de reincidencia del sujeto. La extrema dependencia en sistemas y modelos para determinar riesgos y tomar decisiones tiene el grave efecto secundario de quitarle responsabilidad a los jueces, quienes pueden justificar sus buenas o malas decisiones adjudicándole la responsabilidad al propio algoritmo o al sistema de definición de riesgos que los asistió.

Aunque el fin de este tipo de sistemas puede ser loable, su implementación ha resultado en actos de mayor discriminación, menor transparencia y menor rendición de cuentas. Estos dos últimos aspectos son fundamentales para los sistemas de justicia y sin ellos es imposible que las personas ejerzan su derecho a un juicio justo y, por tanto, su derecho a la libertad. No sobra decir que las comunidades más expuestas a este tipo de sistemas y a la sobrecriminalización que conlleva son las minorías de todo tipo, las disidencias y las personas pobres. Generalmente, estos colectivos no cuentan con recursos para defenderse y quedan a merced de sistemas de justicia criminal plagados de sesgos algorítmicos.

Desafortunadamente, aunque el sistema de justicia criminal es uno de los que más impactan sobre la vida de las personas, ya que tiene el potencial de afectar directamente su libertad y otros derechos, no es el único que utiliza las bases de datos y los modelos para clasificar a los individuos y determinar su acceso a otros derechos y servicios, como el derecho al trabajo, a la vivienda, a la salud y a la educación.

Segregación algorítmica

Es parte de la naturaleza humana buscar pertenecer a un lugar o a una comunidad, pues pertenecer brinda un sentimiento de paz y es parte esencial de la identidad de las personas. Cuando nuestra pertenencia se encuentra en riesgo, las alertas más primales comienzan a sonar y nos preparamos para defenderla a capa y espada, muchas veces de manera irracional. Es por esto que, desde tiempos inmemoriales, para protegerse de peligros reales o imaginarios, los humanos han delimitado aquello que les brinda pertenencia. Esta delimitación muchas veces adopta una forma física a través de murallas, muros, zanjas, etcétera, y existen ejemplos tanto antiguos como modernos: la Gran Muralla china, el Muro de Berlín, el muro que separa Israel de Palestina y el muro fronterizo entre Estados Unidos y México. Todos ellos han tenido un fuerte impacto en la vida de las comunidades a las que mantienen separadas y, aunque son ejemplos paradigmáticos de segregación física, no son necesariamente los más comunes.

Gracias a las tecnologías de la información, se han encontrado nuevas formas de crear barreras para mantener a un grupo separado de los «otros».

Estas formas sutiles de segregación se han vuelto cada vez más comunes debido al crecimiento poblacional, y han sido dictadas tanto
por gobiernos locales como por desarrolladores inmobiliarios y bancos, quienes históricamente han definido modelos de predicción de
riesgo —ya sea con herramientas modernas o en papel—. Dichos
modelos se basan en información sociodemográfica sobre el tipo
de personas que habita un sector de una ciudad. No es casual que,
típicamente, las ciudades tengan sectores ricos y pobres, con habitantes de cierta religión u origen étnico, color de piel o idioma.
Aunque es cierto que todos buscamos pertenecer a comunidades
de personas similares a nosotros, también existe un componente
sistémico que determina o reafirma esta noción, incluso si no nos
damos cuenta.

Estos componentes de segregación sistémica tienen su expo-
nente más vergonzoso en el llamado *redlining* (o zonas rojas) que
ocurrió en varias ciudades estadounidenses. Este consistía en mar-
car, con una línea roja sobre un mapa, los sectores que eran percibi-
dos de alto riesgo debido al origen étnico o la clase social a la que
pertenecían sus habitantes. El *redlining* se utilizó para negar definitivamente el acceso a servicios financieros como préstamos o hipo-
tecas a grupos vulnerables. Si acaso se les brindaba alguna opción,
esta tenía condiciones muy desfavorables, como altísimas tasas de
interés diseñadas para nunca poder ser liquidadas. Estas zonas rojas no fueron impuestas solo por bancos, también los gobiernos locales las utilizaron para determinar dónde «valía la pena» invertir en
obras públicas y dónde debía desplegar la fuerza judicial, lo cual
dio como resultado comunidades enteras sin servicios públicos pero
sobrevigiladas por la policía. Por ende, había una sobrerrepresenta-
ción de personas de grupos vulnerables privadas de su libertad y, en

combinación con el *redlining* de servicios financieros, sin posibilidad de generar riqueza intergeneracional.

Actualmente, gracias a algoritmos y modelos de aprendizaje automático o de IA, se llevan a cabo los mismos procesos de segregación sistémica de manera mucho más sutil y sin mecanismos de transparencia ni de rendición de cuentas. Por ejemplo, el tipo de anuncios que nos muestran las redes sociales determinan los servicios a los que estamos expuestos y, por ende, los que más consumiremos con mayor probabilidad. Además, si se toma en cuenta la información geográfica, como el código postal, para decidir si se muestra al usuario publicidad de un servicio prémium o uno con condiciones menos favorables, se está cayendo en la misma práctica discriminatoria.

Infraestructura planetaria de la IA

Aunque nuestro cerebro contiene un mayor número de conexiones neuronales que la cantidad de estrellas en el universo, al mismo tiempo, es un órgano altamente optimizado que logra realizar todas sus funciones utilizando un espacio de solo 1 300 cm^3 y un voltaje de 12 W. Esta es una cantidad muy baja de energía en comparación con los 175 W de una computadora de escritorio y todavía más baja en comparación con los 22 703 000 W (22 MW) de Frontier, la supercomputadora más poderosa de 2023, que el Departamento de Energía de Estados Unidos mantiene en un espacio de 680 m^2, en el Laboratorio Nacional de Oak Ridge, Tennessee. Frontier realiza simulaciones sobre el cambio climático, las reacciones químicas, físicas o nucleares involucradas en la fisión nuclear, entre otras, gracias a sus más de ocho millones de procesadores optimizados para modelos de IA.

Para ponerlo en perspectiva, 22 MW son suficientes para proveer de energía a poco más de 25 000 hogares típicos estadounidenses durante todo un día, por lo que cada centro de datos de alto rendimiento, aun siendo más pequeño que el del Laboratorio Nacional de Oak Ridge, tiene un consumo de energía y requerimientos de infraestructura equivalentes al de ciudades de tamaño mediano, aunque en espacios cada vez más reducidos. A esta demanda de recursos se añade la creciente necesidad de agua y otros líquidos tanto para producir la electricidad como para enfriar los procesadores de las supercomputadoras y los centros de datos. De estos últimos depende el funcionamiento de los sitios web más visitados, los sistemas bancarios y otros sistemas de misión crítica, así como de los modelos más modernos de IA.

Más allá de las supercomputadoras dedicadas a la investigación científica, no es descabellado pensar en la proliferación de este tipo de centros, capaces de sostener soluciones tecnológicas como el entrenamiento y ejecución de modelos de IA, la «minería» de criptomonedas o, simplemente, la infraestructura necesaria para sostener el tráfico de los sitios web más visitados del mundo o de los sistemas bancarios de los que dependen las economías y cuyos requerimientos implican, directamente, un aumento en las necesidades energéticas. La cantidad de recursos que demandan los centros de datos representa un dilema en un mundo que ya enfrenta

> Frontier no es, en absoluto, la única supercomputadora. Hay cientos o miles de ellas en centros de investigación, empresas y edificios gubernamentales, que han instalado centros de cómputo con grandes requerimientos de energía e infraestructura.

desafíos considerables en términos de sostenibilidad y cambio climático. Asimismo, estas necesidades energéticas contribuyen a la huella de carbono de la tecnología y, por ello, nos enfrentamos a la tarea de equilibrar los beneficios de la tecnología computacional con su impacto ambiental.

Aunque para las criptomonedas no son indispensables los grandes centros de cómputo, pues están descentralizadas y distribuidas geográficamente, es necesario incluirlas en la lista de tecnologías de cómputo que más recursos consumen, dado que para generar un nuevo bitcoin, se deben solucionar complejos problemas matemáticos llamados *bloques*. A pesar de que los bloques se pueden operar en un procesador de cómputo moderno, su complejidad es tan alta que se necesitan cada vez más recursos y tiempo para resolverlos. Es decir, los requerimientos energéticos para que una criptomoneda funcione pueden llegar a ser incluso mayores que los de ciudades de tamaño medio, pues es necesario que miles de procesadores de cómputo realicen simultáneamente operaciones matemáticas cada vez más complejas y que, por ende, requieren cada vez más tiempo y energía eléctrica, cuya fuente más común son los recursos no renovables.

Desafortunadamente, bitcoin no es la única criptomoneda ni la única tecnología con altísimos requerimientos energéticos y de infraestructura pública.

> **El entrenamiento de la IA y, en particular de los modelos de IA generativa como ChatGPT, requiere que millones de computadoras operen continuamente durante meses.**

Y más allá del entrenamiento, su ejecución cotidiana también es costosa, sobre todo en una escala global como la que tiene ChatGPT. Las consecuencias comienzan a ser evidentes; por ejemplo, en el aumento de más de 34% del uso del agua en los centros de datos de Microsoft, empresa dueña de OpenAI, a raíz del lanzamiento público de ChatGPT. En un estudio publicado por académicos de la Universidad de California se calculó que solo el entrenamiento de esta tecnología ha consumido 700 000 litros de agua potable, utilizada para generar electricidad, que se añaden al millón de litros de agua limpia que utilizan los centros de datos promedio diariamente para enfriar los procesadores.

Este nivel de consumo, el cual apenas comienza a hacerse más evidente, plantea retos que se deben superar si se quiere que el desarrollo tecnológico no tenga consecuencias perjudiciales para el medioambiente. El reto radica en encontrar soluciones que permitan avanzar en el campo de la IAG sin comprometer aún más el bienestar del planeta. Una vía para abordar este problema es la investigación y el desarrollo de hardware y software más eficientes desde el punto de vista energético. Asimismo, la creación de algoritmos optimizados y el diseño de procesadores especializados para tareas de IA pueden reducir significativamente el consumo de energía durante la inferencia y el entrenamiento de modelos.

Por otra parte, la transición hacia fuentes de energías renovables para alimentar los centros de datos es esencial, pues el compromiso con la sostenibilidad puede mitigar en gran medida el impacto ambiental de la IAG. Para ello, se debe invertir en desarrollar e implementar infraestructura energética más limpia y promover la adopción de prácticas más sostenibles en el desarrollo de tecnologías emergentes.

En conclusión, la conciencia ambiental debe incorporarse en la toma de decisiones y políticas que guían el desarrollo de la IA. Esto implica que la ética en la IA no se limite únicamente a cuestiones de privacidad y seguridad, sino que, además, aborde de manera integral su impacto en el medioambiente, y establezca estándares que promuevan la sostenibilidad en el diseño y el uso de modelos generativos para garantizar un desarrollo tecnológico equitativo y responsable. Esto implica que, si bien la IAG ofrece oportunidades revolucionarias en diversos campos, no se puede pasar por alto el desafío energético asociado con su implementación. Por ende, la búsqueda de soluciones sostenibles y la adopción de prácticas ambientalmente responsables son imperativas para aprovechar los beneficios de la IA sin comprometer el futuro del planeta. La comunidad científica, la industria, los gobiernos y la sociedad en general deben involucrarse y trabajar en colaboración para garantizar que la innovación tecnológica no solo sea avanzada, sino también sostenible.

Centralización y colonización

La colonización tecnológica, es decir, el proceso en el que una entidad poderosa impone su visión sobre otras con menor poder a través de la tecnología que exporta, ha cobrado cada vez mayor relevancia en el mundo. Ello se debe al creciente número, diversidad e influencia de las decisiones que se toman a partir de soluciones tecnológicas y que tienen un serio impacto en la vida de millones de personas.

> **En este contexto, la IA puede actuar como una herramienta colonizadora.**

Además, la IA ha sido desarrollada, en gran medida, en países industrializados y tecnológicamente avanzados, lo que refuerza el poder de dichos países. Esto aumenta la brecha tecnológica global, resalta las desigualdades entre países y reduce la soberanía tecnológica de las naciones menos avanzadas, las cuales solo se pueden limitar a consumir modelos, algoritmos y soluciones de IA desarrollados en otras latitudes. Es decir, las naciones y las comunidades que dependen en gran medida de tecnologías de IA desarrolladas en otros lugares ven comprometida su autonomía y su capacidad de tomar decisiones que se ajusten a sus necesidades locales. En este sentido, si no se toman medidas que promuevan el desarrollo de soluciones locales, la IA puede actuar en contra de la autodeterminación de los pueblos y de su soberanía tecnológica.

Las empresas de tecnología también juegan un papel colonialista, pues no solo son dueñas de modelos y algoritmos de los que dependen los sistemas de IA que exportan, sino que, debido a esto, han acumulado poder económico y político que las pone al nivel de los Estados y les otorga una influencia significativa en la formulación de políticas y en la toma de decisiones, en varios ámbitos, en los países importadores.

Desafortunadamente, colonizar no se limita a imponer el poder político y económico de los países y las empresas desarrolladoras de soluciones de IA sobre los países consumidores. También influye en los ámbitos culturales y sociales, pues, al ser desarrollados y entrenados con datos provenientes de países, sobre todo occidentales, los sistemas de IA exportan patrones culturales, valores y sesgos que no reflejan precisamente las necesidades o las perspectivas de otras naciones. Esto puede dar lugar a la pérdida de identidad cultural en las comunidades que adoptan esta tecnología, resultando en la poco deseable homogeneización cultural.

> **Por si fuera poco, la IA tiene cada vez mayor influencia sobre la toma de decisiones políticas y sociales.**

Lo cual significa que las entidades que controlan su desarrollo también influyen sobre las decisiones de los gobiernos de los países que adoptan estas tecnologías. Por ello, es necesario fomentar la diversificación tecnológica, la investigación y el desarrollo de IA en varias regiones y culturas, de forma que se pueda reducir la dependencia tecnológica y las desigualdades globales. Para hacerlo, se debe consultar a las comunidades y fomentar su participación en la toma de decisiones relacionadas con la adopción de la IA, con el fin de garantizar que las decisiones tecnológicas reflejen sus necesidades y valores locales.

La regulación y la supervisión de la IA son esenciales para garantizar la transparencia, la responsabilidad y la protección de los derechos de las poblaciones. Por ello, gobiernos y organizaciones internacionales deben establecer marcos éticos y normativos claros.

Cuando la IA se utiliza de manera ética y responsable ofrece innumerables beneficios en términos de avances tecnológicos, eficiencia y mejora de la calidad de vida. Sin embargo, su uso también plantea preocupaciones sobre el poder, la cultura, la economía y la autonomía en un contexto global. La colonización tecnológica es un desafío ético y social que debe abordarse de manera cuidadosa y reflexiva para garantizar que la IA sirva a los intereses de la humanidad en su conjunto, en lugar de imponer valores y poder de forma injusta.

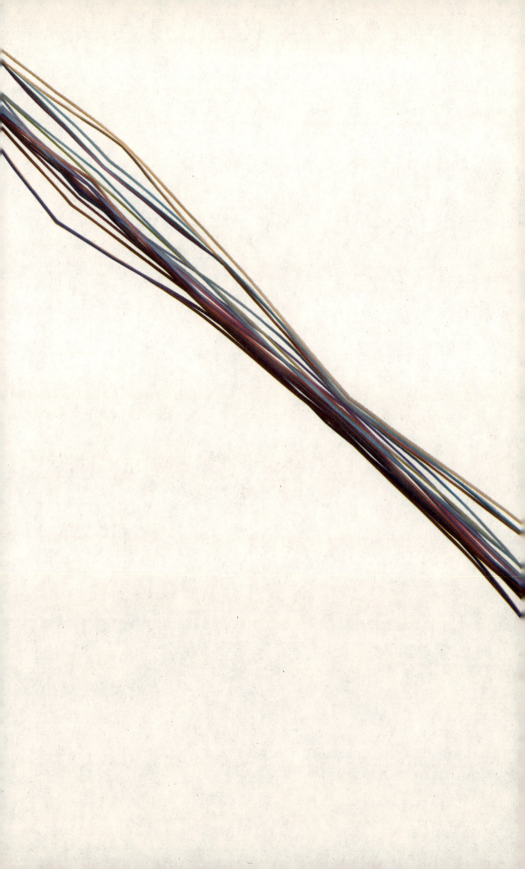

Un horizonte interesante

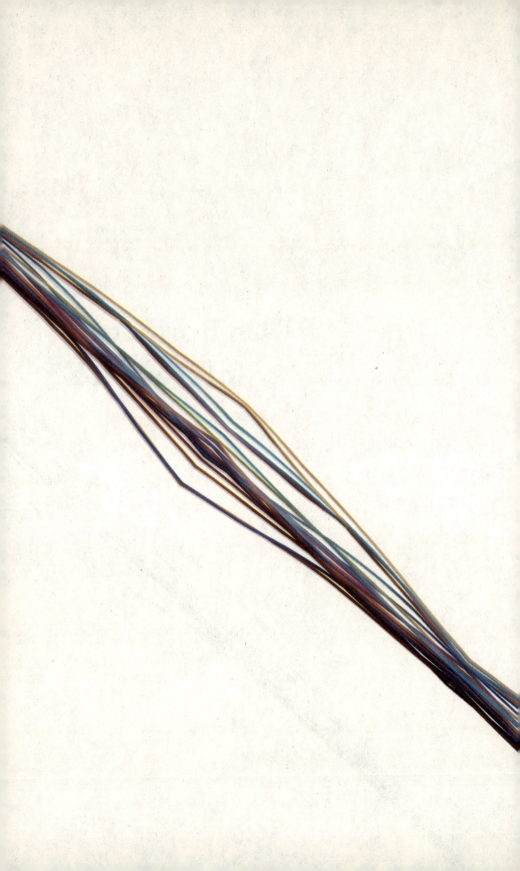

Aunque aún nos encontramos en los primeros albores de la IA, es indudable que llegó para quedarse y que tendrá un impacto significativo en cada área de nuestras vidas. Nos acercamos a la recta final de este libro y es necesario recordar que la IA, como cualquier otra expeciencia, tiene dos polos: por una parte, veremos una mejora significativa en nuestra calidad de vida, impulsada por cambios en sectores como la salud o las finanzas; por otro lado, estamos inmersos en la incertidumbre de qué nos traerá el despertar de las máquinas y cómo podrían comprometer nuestro modo de vida. Entonces ¿qué se alcanza a ver en el horizonte?

¿IA ética?

Como se ha hecho evidente en los capítulos anteriores, la IA, con su progresiva capacidad para aprender de datos, identificar patrones y tomar decisiones autónomas, se ha convertido en un ente ubicuo en la sociedad actual.

> **Desde diagnósticos médicos hasta gestión financiera y toma de decisiones gubernamentales y de justicia social, la IA ha influido en una amplia variedad de campos, prometiendo eficiencia, precisión y avances nunca antes vistos.**

Sin embargo, su omnipresencia también plantea interrogantes éticas importantes que exigen la atención de la sociedad en general para garantizar —o intentar garantizar— que la implementación de sistemas basados en IA contemple características como transparencia, rendición de cuentas, equidad, privacidad, diversidad, inclusión, colaboración interdisciplinaria, inteligibilidad, robustez, fiabilidad, seguridad y sostenibilidad. Estas características pueden ser útiles para evitar que la IA replique o perpetúe los sistemas de discriminación y opresión que existen en casi todos los contextos.

En el centro de esta preocupación legítima se encuentra la creciente autonomía de la IA, ya que un gran número de temas importantes están siendo juzgados y decididos, de manera autónoma, por sistemas basados en esta inteligencia. Muchas veces, esto implica la reproducción y la amplificación de sesgos y prejuicios existentes tanto en la sociedad en general como en áreas sociales específicas, los cuales llegan a los modelos de IA a través de los datos de entrenamiento. Dichos datos reflejan de manera fidedigna lo que se vive en el contexto donde se aplican, pues, de lo contrario, serían muy poco precisos. Esto convierte la autonomía, la reproducción y la amplificación de sesgos y prejuicios en características que, junto con la falta de intuición y empatía característica de los humanos —inclusive de los jueces—, obligan a buscar soluciones que garanticen que la IA posea una brújula que refleje los valores fundamentales de los contextos donde se implementa.

La privacidad representa otro punto preocupante, pues muchas veces se sacrifica con el fin de obtener una masa crítica de datos lo suficientemente grande y representativa para alimentar y entrenar de manera más o menos precisa los algoritmos y los modelos de IA.

> **La importancia de salvaguardar la privacidad en este contexto va más allá de una simple consideración legal.**

Además, representa un pilar fundamental que sustenta la confianza y el respeto hacia las capacidades de la IA, dibujando una línea divisoria entre la exploración legítima de la tecnología y la intrusión no deseada en la esfera íntima de la vida humana, pues preserva la autonomía y protege la individualidad.

Esta línea divisoria se encuentra entre la capacidad analítica de la IA y la sensibilidad humana hacia la confidencialidad. La importancia de la privacidad se manifiesta de diversas maneras, dado que los algoritmos y modelos deben ser guiados por una ética que proteja la individualidad y la sensibilidad de los sujetos. La privacidad es el valor que limita el alcance de los algoritmos y que permite a las personas compartir información sin temor a que se utilice con propósitos no autorizados, invasivos o poco éticos. Para que las soluciones de IA cumplan su objetivo se requiere que los usuarios y la sociedad en general confíen en quienes desarrollan e implementan dichas soluciones. Esto, a su vez, depende en gran medida de la preservación de la privacidad. La violación de esta, es decir, la divulgación y el uso no autorizado de información personal de los usuarios, no solo repercute directamente en la confianza en los sistemas basados en IA, sino que también puede generar un desencanto generalizado capaz de retrasar significativamente la implementación de estos sistemas. Esto significa que la privacidad y la confianza son puntos clave para la IA ética.

Como podemos deducir, la privacidad y la confianza son críticas en ámbitos como el médico, el financiero, el judicial y todos en los que las decisiones que toman los modelos de IA —muchas veces de manera autónoma— tienen impacto directo en áreas importantes de la vida de las personas y que, para funcionar, necesitan que todos confíen en el respeto a la privacidad. Esto impone una nueva manera de diseñar sistemas de IA, pues se deben considerar la privacidad y otros valores fundamentales desde las etapas más tempranas del diseño de los sistemas; además, para que estos sean considerados éticos, una misión intrínseca debe ser la obtención y el mantenimiento de altos estándares de privacidad, transparencia y seguridad.

Otro pilar fundamental para confiar en los sistemas de IA es la transparencia. A través de este valor se puede disipar la incertidumbre que existe en torno a los procesos y las decisiones que toman estos sistemas. Esto no solamente implica acceder a la arquitectura interna de los algoritmos, sino también auditar la procedencia y la calidad de los datos utilizados para entrenarlos. En este contexto, un sistema de IA transparente permite la auditoría y la evaluación desde las perspectivas de justicia y equidad, fundamentales para considerar que un sistema basado en modelos de IA es ético y responsable.

> **El complemento perfecto de la transparencia es la rendición de cuentas.**

La rendición de cuentas exige que las personas responsables de diseñar e implementar sistemas basados en modelos de IA sean responsables y estén dispuestas a responder por sus creaciones. Lo anterior implica un verdadero compromiso con la apertura, la honestidad y la responsabilidad, además del reconocimiento implícito del impacto que la IA tiene sobre la vida cotidiana de millones de personas. Asimismo, se debe entender que solo se podrá contar con la confianza de la sociedad si se mantienen altos estándares de privacidad, seguridad, transparencia y rendición de cuentas para seguir implementando tecnologías de IA. Si estos valores se cumplen, pueden resultar de beneficio para todos.

Una vez que se tiene la garantía de que los sistemas basados en modelos de IA son transparentes, cumplen con estándares de privacidad y tienen mecanismos de rendición de cuentas, el siguiente valor fundamental es la equidad. Esta plantea un compromiso con la idea de que los sistemas de IA no deben reproducir la discriminación hacia ciertos grupos con base en características como género, raza o posición socioeconómica. La equidad plantea que, para superar los ciclos históricos de opresión y discriminación, es necesaria la corrección algorítmica de dichos desequilibrios en una especie de acción afirmativa que busque la igualdad de oportunidades para todos. Es decir, la equidad algorítmica enfrenta de manera proactiva la discriminación sistemática que puede estar incrustada en los datos utilizados para entrenar los modelos, los cuales, evidentemente, son un reflejo fiel de las sociedades. La equidad

> La equidad es un valor fundamental para la creación de soluciones tecnológicas que realmente empoderen a una sociedad diversa.

algorítmica abraza la accesibilidad universal, busca eliminar barreras y garantiza que los sistemas de IA sean comprensibles y útiles para todas las personas, independientemente de su nivel de habilidad, educación o capacidades.

También es importante reconocer que la IA es y será una herramienta para distribuir accesos, empleos, oportunidades, servicios y capital, entre otros recursos. Por lo tanto, con el objetivo de evitar sesgos que repliquen y perpetúen prejuicios y discriminación, es indispensable implementar medidas de justicia restaurativa que garanticen que tanto los beneficios como los aspectos negativos de los sistemas basados en modelos de IA se distribuyan de manera justa. Es decir, a través de la justicia distributiva se busca que la población en donde se implementan dichos sistemas esté representada desde la equidad, y que se repartan tanto las ganancias como los costos. Esto rompería con la implementación tradicional de los sistemas informáticos donde los costos generados son absorbidos por la sociedad en general mientras que los beneficios son acumulados por unos cuantos.

Una de las mejores apuestas para intentar garantizar que los sistemas basados en modelos de IA sean realmente inclusivos, equitativos y, en general, éticos —sobre todo, en relación al contexto donde se implementan— es la representatividad; es decir, que los sujetos que aprovecharán estas soluciones estén involucrados y colaboren activamente en el diseño, arquitectura, desarrollo e implementación de las mismas con la finalidad de incorporar no solo sus propias perspectivas o subjetividades, sino también las de sus comunidades. Entre otras medidas, es posible lograr la representatividad a través de la colaboración interdisciplinaria. Esta asume que los tecnólogos y los científicos de datos proveen solamente la capa técnica de las soluciones mientras que los expertos de otras disciplinas, como la sociología, la antropología, la lingüística o las leyes, aportan la parte social de las mismas y se encargan de colaborar con el diseño de soluciones que incorporen sus perspectivas. Ello tiene la finalidad de vigilar que todos los valores se vean reflejados y sean parte intrínseca de las soluciones finales para, así, poder garantizar que se representen diversos puntos de vista además del técnico.

Por otra parte, no solo se deben incorporar las perspectivas o visiones de grupos de expertos, sino también la visión de las comunidades o sociedades donde se plantea la implementación de los sistemas de IA, pues de otro modo sería imposible reducir sesgos y romper los ciclos de prejuicios y discriminación.

En el mundo de los sistemas, algoritmos y de la IA es muy común utilizar el término *caja negra* para referirse a los sistemas que, por su diseño o complejidad, no permiten entender su funcionamiento con precisión, conocer sus parámetros de toma de decisiones ni analizar los procesos que siguen. Esto tiene implicaciones serias y mina la confianza en dichas tecnologías; como consecuencia, es poco probable que un sistema basado en modelos de IA que pretenda ser ético en su diseño e implementación pueda ser, al mismo tiempo, una caja negra. Por el contrario, un sistema de IA ético debe ser transparente, lo cual implica que el proceso de toma de decisiones pueda explicarse para, así, permitir que auditores externos determinen si existen sesgos o si ejecuta sus acciones de forma adecuada. Además, para aumentar el nivel de confianza, se puede exigir que no solo los modelos, sino también sus desarrolladores y

Se pueden establecer mecanismos de rendición de cuentas que eliminen las cajas negras en los algoritmos y favorezcan que los desarrolladores y diseñadores respondan por las decisiones que se tomaron tanto en la etapa de diseño como en la operación de los modelos.

diseñadores expliquen claramente cómo se entrenó un sistema, qué datos se utilizaron y cómo se tomaron las decisiones.

No podría existir un sistema basado en modelos de IA confiable ni ético sin la ciberseguridad. Esta es la seguridad de los datos, del código de los modelos y del entorno en el que se ejecutan. Representa la base de la pirámide de la confianza y, por ello, cualquier entidad que implemente IA tiene que incorporarla como uno de sus valores más importantes, sin el cual es imposible obtener la confianza de usuarios, comunidades y de la sociedad en general. El riesgo de no hacerlo es muy grande, pues los datos que alimentan los modelos de IA son críticos y extremadamente sensibles, dado que dependen directamente de los patrones que aprenden y las decisiones que toman. Por tanto, un acceso no autorizado a estos datos podría no solo introducir sesgos y distorsiones en los resultados de los algoritmos, sino también comprometer la privacidad de los usuarios.

Además de los datos, es importante prevenir ataques que alteren el funcionamiento de los modelos de IA, por ejemplo, existen ataques diseñados para manipular los modelos y obligarlos a clasificar de forma incorrecta una imagen; con ello, se busca provocar errores en el funcionamiento e incluso accidentes, especialmente cuando se vulneran los sistemas de conducción autónoma de vehículos.

Por otro lado, la ciberseguridad desempeña un papel clave en cuestión de accesibilidad, pues protege a los sistemas contra ataques de denegación de servicio y accesos no autorizados, de modo que se previene la degradación significativa del rendimiento y que los sistemas dejen de ser accesibles para los usuarios. En contextos como la atención médica o la seguridad pública, en los que se debe tener acceso continuo, seguro y sin restricciones, esto toma una importancia crucial.

La ciberseguridad también es fundamental en la intersección entre la IA y el internet de las cosas (IOT), pues los sensores de los sistemas IOT son una fuente importante de datos para modelos de aprendizaje automático e IA. Estos últimos, a su vez, pueden tomar decisiones para que los actuadores —es decir, los aparatos encargados de realizar una acción específica como abrir la cerradura de una casa— realicen su función. Mantener altos estándares de ciberseguridad es fundamental en todo el proceso para evitar que este sea manipulado y garantizar que todos los aparatos funcionen de la manera correcta. Por ello, es importante cuidar desde la recolección de datos, su transmisión a servidores para su procesamiento y toma de decisiones hasta la transmisión de las propias órdenes. Para que un sistema basado en modelos de IA se considere confiable y ético, tiene que incorporar la ciberseguridad.

Otro aspecto fundamental para implementar soluciones de IA ética es la sostenibilidad. Más allá de la eficiencia energética, es importante considerar el origen de la energía y su transformación en trabajo, así como el desarrollo y la optimización de algoritmos que utilicen la energía eléctrica y otros recursos de manera eficiente. Por otra parte, se deben gestionar y reciclar residuos electrónicos como baterías, microchips y hardware utilizado en servidores y otros dispositivos de los que depende la infraestructura computacional, con la finalidad de reducir la enorme huella de carbono que tienen las soluciones de cómputo actualmente.

> **De no hacerse algo al respecto, esta huella se incrementará de manera exponencial.**

Las consecuencias del aumento de la huella de carbono pueden ser desastrosas, pues comprometerá y obligará a explotar los ya reducidos recursos naturales del planeta con tal de sostener los requerimientos energéticos de las plataformas.

Además de la reducción de la huella de carbono de las soluciones de IA y el manejo adecuado de residuos electrónicos para garantizar un futuro sostenible y ético, hay que hacer especial énfasis en aspectos que, hasta ahora, han sido relegados a un segundo plano. Por ejemplo, la ampliación de la vida útil de los dispositivos que evite la obsolescencia programada. Es importante hacer un esfuerzo por reacondicionar y reutilizar los equipos en lugar de descartarlos. De esa forma, se puede reducir la demanda de nuevos recursos para la producción de dispositivos. Además de esto, es importante recordar que los chips de los que dependen los sistemas de cómputo modernos tienen grandes cantidades de materiales como el silicio, el oro y el litio, y otros mucho más exóticos, como el nodimio o el praseodimio. Estos, por su propia naturaleza, son muy escasos y su extracción trae consigo grandes problemas ambientales; por tanto, es crítico expandir los programas de recuperación de estos elementos para evitar, en la medida de lo posible, la necesidad de extraer nuevos. Estas medidas deben venir acompañadas de programas de cumplimiento de estándares ambientales que regulen tanto el uso de estos elementos como su descarte y eventual reciclaje, entre otras prácticas responsables y éticas.

La otra cara de la moneda

Al intervenir en cada parte de nuestras vidas, la IA trae consigo riesgos y oportunidades para la humanidad en su conjunto. Aunque aún es temprano para prever con certeza su alcance total, puesto que apenas se comienza a ver la punta del iceberg, ya se perfila el impacto de la IA en campos de gran relevancia. Entre ellos, destacan la salud, la educación y las industrias creativas. Precisamente en estas últimas, sobre todo en la asistencia al proceso creativo, la IA se manifiesta como una aliada natural. Además, abre las puertas para que el público en general colabore con algoritmos, generando obras únicas mediante redes neuronales generativas (GAN). En un acto de democratización de la creatividad, la tecnología se ha convertido en cómplice de la expresión individual y colectiva.

> **Por otro lado, los artistas visuales también pueden entrenar estas redes para crear imágenes y videos que se adapten a sus visiones creativas.**

Para ello, ya existen aplicaciones capaces de generar imágenes a partir de descripciones textuales que les permiten concebir y crear ilustraciones únicas que representen sus ideas. Esta colaboración entre humanos y máquinas amplía el alcance de la creatividad y desafía las fronteras tradicionales del arte.

Sin embargo, el impacto de la IA no solo se centra en las artes visuales. También, con la ayuda de poderosas redes neuronales capaces de analizar vastas cantidades de piezas musicales, para generar nuevas composiciones que se ajusten a géneros y estilos específicos, la IA ha impactado en el mundo de la música de maneras sorprendentes. Así como lo predijo nuestra heroína Ada Lovelace, apoyados por potentes redes neuronales, los músicos son capaces de analizar vastos repertorios sonoros y componer nuevas piezas acordes a géneros y estilos específicos. La creación musical se transforma de manera asombrosa con la colaboración de algoritmos inteligentes.

Asimismo, la literatura, cuyo dominio solía ser exclusivo de la mente humana, ahora también reacciona ante la presencia de la IA, pues sistemas como el GPT-4, el cual está detrás del famoso ChatGPT, demuestran un talento insólito para desarrollar prosas coherentes y convincentes, el cual no se limita a la simplificación del proceso de escritura, sino que trasciende, abriendo la puerta a una narrativa inexplorada y a una literatura innovadora. En ocasiones y a través de la guía de su contraparte humana, la IA puede generar relatos, poesía y otras manifestaciones literarias que cuestionan las nociones convencionales de autoría y creatividad.

Esta alianza entre humanos y máquinas, aunque fascinante, no está exenta de desafíos éticos y dilemas, pues la atribución de autoría y la delimitación de la propiedad intelectual en la creación generada por la IA es una cuestión compleja debido a que tanto la privacidad como la seguridad de los datos son esenciales en un entorno donde la creación implica manipular vastos conjuntos de información de origen difuso. Además, la posibilidad de emplear la IA para generar contenido engañoso o perjudicial, por ejemplo *deepfakes* o *fake news*, plantea interrogantes éticas que exigen un análisis continuo para generar respuestas y, en muchos casos, necesitan la regulación por parte de entidades estatales.

Definitivamente, el futuro de la creatividad es muy fértil con la asistencia de la IA. A medida que los algoritmos y las redes neuronales continúen su evolución, las aplicaciones se volverán más versátiles y accesibles, lo que permitirá a individuos de diversas disciplinas explorar nuevas formas de expresión y resolución de problemas. Esto consolidará la colaboración entre humanos y algoritmos como una nueva normalidad que deberá privilegiar la creatividad humana para mantener su posición como motor principal de la innovación y la cultura.

Así como la IA está comenzando a tener un amplio impacto en temas creativos, en el ámbito de la salud pública también ha emergido como una herramienta transformadora que promete revolucionar tanto la prevención como el tratamiento de enfermedades.

Uno de los puntos más sobresalientes de la IA en este sentido es su habilidad para mejorar la precisión y la velocidad en el diagnóstico de enfermedades, a través de algoritmos avanzados de aprendizaje profundo capaces de analizar amplios conjuntos de datos médicos, incluyendo imágenes de resonancia magnética, tomografías computarizadas y resultados de pruebas de laboratorio. Su capacidad para identificar patrones sutiles que podrían pasar desapercibidos para el ojo humano no solo acelera el proceso de diagnóstico, sino que también incrementa significativamente la precisión, permitiendo intervenciones médicas tempranas y más efectivas.

> **Adicionalmente, la IA es útil en la predicción y prevención de enfermedades con potencial epidémico.**

Por ejemplo, algoritmos de aprendizaje automático analizan datos epidemiológicos, históricos y ambientales para anticipar brotes de enfermedades como el dengue o la influenza e identificar patrones de propagación para sugerir estrategias de prevención y logística. Esta capacidad predictiva es crucial para que los tomadores de decisiones atiendan de mejor manera estos brotes, implementando medidas proactivas como campañas de vacunación focalizadas o restricciones específicas, minimizando así el impacto de epidemias y pandemias.

En otro ámbito de la salud pública, el de la medicina de precisión, la IA ha emergido como un enfoque revolucionario para el tratamiento de enfermedades, pues ha desempeñado un papel fundamental en el análisis de datos genéticos, perfiles biomédicos y respuestas individuales a tratamientos, cuyo fin es desarrollar planes personalizados que no solo optimicen la efectividad de los tratamientos, sino que también reduzcan los efectos secundarios al adaptar las intervenciones médicas a las características únicas de cada paciente. Definitivamente, la personalización de tratamientos representa un cambio significativo hacia enfoques más efectivos y centrados en el paciente.

Además, si algo nos enseñó la pandemia de covid-19 es que la eficiencia en la gestión de recursos es un fuerte desafío en el ámbito de la salud pública que se exacerba en periodos de emergencia. Es decir, entre mayor urgencia, mayor es el desafío logístico que significa prever demandas y optimizar la asignación y la distribución de recursos. Para ello, la IA también ofrece soluciones innovadoras, desde la planificación de la asignación de personal en hospitales hasta la gestión de suministros médicos. Con ello contribuye a evitar la saturación de servicios y a garantizar una atención médica adecuada. Esto es especialmente crucial en situaciones de crisis, donde la capacidad de anticipar y responder rápidamente ha resultado esencial.

No se puede dejar de resaltar que, a pesar de los beneficios evidentes, la integración de la IA en la salud pública plantea, por supuesto, desafíos éticos, pues la privacidad de los datos, la seguridad cibernética, la equidad en el acceso a las tecnologías de salud y la soberanía tecnológica son preocupaciones que deben atenderse de manera integral para garantizar que los beneficios de la IA se distribuyan equitativamente y se utilicen de manera ética. De esta forma, se puede promover su aceptación y sostenibilidad a largo plazo.

Aunque la IA tiene una participación reciente en la salud pública, ha demostrado ser una fuerza positiva y transformadora, pues a través de predicciones epidemiológicas avanzadas, diagnósticos y tratamientos más precisos y personalizados, está marcando una nueva era en la atención médica. A medida que avanzamos hacia un futuro impulsado por estas tecnologías, la colaboración entre profesionales de la salud y algoritmos inteligentes se consolidará como una herramienta esencial para abordar los desafíos que se plantean realmente mejorar la calidad de vida de las comunidades a nivel global.

Por otro lado, en el ámbito educativo, la IA también ha ayudado a la enseñanza y el aprendizaje, haciendo factible la personalización de la educación, mejorando la accesibilidad e impulsando el desarrollo de habilidades clave para el siglo XXI a través de plataformas educativas que ofrecen experiencias interactivas y adaptativas, ajustando el contenido según las necesidades y estilos de aprendizaje de cada estudiante.

> **Los algoritmos de aprendizaje automático analizan el progreso individual, señalan áreas de mejora y ajustan de forma dinámica el material educativo.**

Esto crea un entorno de aprendizaje que no solo es más eficiente, sino que también está más centrado en el estudiante.

La IA puede permitir que la educación se personalice como nunca antes, pues la participación de profesores o tutores humanos requiere emplear a tres o cuatro personas por cada alumno, lo cual se evita a través de sistemas de tutoría virtual, respaldados por algoritmos inteligentes. Estos evalúan constantemente el desempeño de los estudiantes y adaptan las lecciones para abordar sus fortalezas y debilidades específicas. Además, como ya se mencionó, la IA facilita la creación de programas educativos personalizados, lo que significa que cada estudiante puede avanzar a su propio ritmo, explorar áreas de interés y recibir apoyo adicional en temas desafiantes. La personalización no solo optimiza el proceso de aprendizaje, sino que también fomenta un mayor compromiso y motivación. Pronto estaremos conociendo niños educados por algoritmos inteligentes.

Pero eso no es todo. La IA también tiene el potencial de contribuir en gran medida a hacer que la educación sea más accesible en todo el mundo. Plataformas de aprendizaje en línea respaldadas por IA brindan acceso a recursos educativos de calidad a estudiantes en ubicaciones remotas o con limitaciones de movilidad. Por ejemplo, la traducción automática y la generación de subtítulos en tiempo real hacen que el contenido educativo sea más accesible para quienes se enfrentan a barreras lingüísticas o discapacidades auditivas. Esto es importante porque la democratización del acceso a la educación tiene el potencial de reducir las brechas educativas a nivel global.

Asimismo, la IA ha redibujado el mapa de las habilidades necesarias para el siglo XXI al centrarse en el desarrollo de habilidades cognitivas y socioemocionales con plataformas educativas que incorporan juegos y simulaciones para promover la resolución de problemas, el pensamiento crítico y la colaboración. Por ejemplo, los chatbots educativos, impulsados por algoritmos generativos y de procesamiento del lenguaje natural, ofrecen oportunidades para el desarrollo de habilidades de comunicación y negociación. Esta orientación hacia habilidades clave del siglo XXI prepara a los estudiantes para enfrentar desafíos futuros y contribuir a sociedades cada vez más complejas.

Como en todo ámbito que toca la IA, a pesar de los beneficios evidentes, su integración en el mundo educativo plantea desafíos éticos y riesgos que hay que resolver. Al igual que en el ámbito médico e inclusive en el artístico, la recopilación y el uso de datos personales y propiedad intelectual de los estudiantes deben abordarse con mucho cuidado para garantizar la privacidad y la seguridad. Además, hay que considerar que al requerir equipos tecnológicos avanzados, es complicado y costoso garantizar la equidad en el acceso a tecnologías educativas basadas en IA, lo cual, si no se resuelve, puede terminar provocando la ampliación de las brechas educativas.

La IA ha dejado una marca positiva e indeleble que ha dado forma a un nuevo paradigma educativo, pues ha sido útil para transformar la enseñanza y el aprendizaje, facilitar la personalización de la educación, mejorar la accesibilidad y potenciar el desarrollo de habilidades clave para el siglo XXI. Mientras se continúen explorando las posibilidades de la tecnología, será importante abordar los desafíos éticos y trabajar hacia un futuro que aproveche al máximo el potencial transformador de la IA en el campo de la educación.

CONCLUSIONES

La IA representa una situación compleja para millones de personas, pues plantea varias opciones: *a)* aplicar a rajatabla sus modelos y adaptarse a ella de manera forzosa; *b)* regular su desarrollo e implementación para asegurar que se adapten a los contextos donde son aplicados, y *c)* prohibir el uso de la tecnología basada en IA en la toma de decisiones que afecten la vida de las personas. En general, la apuesta más segura radica en desarrollar la capacidad de aplicar las características humanas —por ejemplo, el poder de aprender y reimplementar conocimientos de manera fluida en contextos diversos— para enfrentar los desafíos que plantea la IA como una oportunidad de empoderamiento individual y colectivo.

Existen varios obstáculos que enfrenta la IA de los cuales se pueden obtener ventajas para mitigar sus impactos negativos. Uno de ellos es la dificultad de transferir el conocimiento adquirido en un contexto a otro. Esto implica que, aunque un modelo o algoritmo puede ser excelente para predecir el comportamiento de una epidemia de dengue, no necesariamente será efectivo para modelar el comportamiento de una pandemia de influenza, por lo que deberá ser reentrenado para adaptarse a este nuevo contexto. En este proceso de entrenamiento y adaptación a nuevos contextos, los humanos seguirán siendo mejores que los algoritmos al menos hasta que se alcance el sueño de la IAG. Para mantener esta superioridad y blindarnos del efecto de la IA, no solo es esencial la constante adquisición de nuevas habilidades y conocimientos, sino también tener una mentalidad que busque oportunidades de adaptar el conocimiento y la especialización actuales a nuevos contextos y retos.

Por otro lado, aunque aún no se pueden sacar conclusiones definitivas, la IA necesita desarrollar su capacidad para realizar razonamientos abstractos, pensar de manera creativa y resolver problemas complejos. Esto no solo implica la capacidad de aplicar reglas y tomar en cuenta el contexto, sino también de entender conceptos abstractos y encontrar soluciones novedosas, más allá de la receta de algún algoritmo o patrón encontrado en los datos. Lo anterior representa una oportunidad para las personas que pueden resolver problemas de manera creativa, (re)utilizando soluciones de IA en contextos diversos. En este sentido, aunque al principio podría parecer que la IAG representa una enorme competidora, en realidad, implica que el valor de la creatividad real, lo original y lo novedoso eleve su valor. Es decir, para poder aprovechar la debilidad de la IA en temas de creatividad y de razonamiento abstracto, será necesario mantenerse a la vanguardia en términos de la creatividad, así como desarrollar una visión innovadora en la implementación de soluciones inteligentes para problemas complejos, usando el pensamiento abstracto para lograr que la IA sea útil en diversos contextos.

Adicionalmente, para la IA será muy complicado desarrollar empatía y otras habilidades sociales y emocionales que son realmente fortalezas humanas únicas y difíciles de replicar. Lo anterior es una oportunidad para industrias como las del cuidado y la salud, pues aunque van a poder ser asistidas por la IA, el valor real de su servicio radica en el entendimiento empático que tome en cuenta las emociones de las personas para lograr una comunicación efectiva y un mejor cuidado. En esta colaboración, el proveedor de servicios de cuidado o de la salud puede ser asistido por la IA, pero el vínculo humano siempre será establecido directamente con el paciente.

La IA también necesitará siempre la supervisión humana, sobre todo para verificar que los algoritmos incorporen, desde la ética, distintas perspectivas que garanticen que las decisiones tomadas a través de modelos de IA sigan los valores y los parámetros de la sociedad donde se aplican —acerca de este punto, debe considerarse que el contexto occidental no es el mismo que el oriental—. La supervisión humana también incluye la interpretación de situaciones ambiguas y la comprensión de los detalles más minúsculos que solo un humano puede procesar y analizar sobre el contexto específico en el que se encuentra. Es decir, para un algoritmo, el contexto no es tan importante, pues, en realidad, sigue una receta neutra y generalizada para aplicarse a cualquier contexto. Sin embargo, ignora muchísimos detalles que son inherentes del contexto y que, para los humanos, pueden tener una importancia significativa, sobre todo en materia de justicia, acceso a derechos, a servicios, etcétera. Lo anterior representa una oportunidad para filósofos, sociólogos, abogados, demógrafos y otros científicos sociales para aplicar su sentido común, adquirido a través de años de experiencia, en conjunto con sus habilidades sociales humanas —las cuales difícilmente podrían ser sustitudidas por la IA— con la finalidad de asegurarse de que la aplicación de modelos de IA en el ámbito social cumpla con los requisitos y valores que el contexto específico necesita.

Finalmente, la IA siempre será vulnerable a ataques por parte de actores malintencionados que pretenden desinformar o engañar a los usuarios. También será propensa a adquirir sesgos a través de datos de entrenamiento mal calibrados que desequilibren las decisiones tomadas por medio de los algoritmos y modelos. Por ende, existirá una necesidad constante de servicios de auditoría que aseguren que la IA funcione correctamente, que no haya sido comprometida por entes externos y —muy importante— que represente una muestra significativa de las poblaciones, con el menor número de sesgos posible.

En síntesis, la creatividad, las habilidades sociales, la adaptabilidad y la ética son aspectos en los que los humanos podemos sobresalir y, así, mantenernos relevantes en un mundo cada vez más impulsado por la IA.

BIBLIOGRAFÍA

Broussard, M. (2018). *Artificial Unintelligence: How Computers Misunderstand the World*. The MIT Press.

Computer History Museum. (2010). *Timeline of Computer History*. computerhistory.org/timeline/.

Crawford, K. (2021). *Atlas of AI*. Yale University Press.

Elsayed, G. F., Shankar, S., Cheung, B., Papernot, N., Kurakin, A., Goodfellow, I. y Sohl-Dickstein, J. (septiembre de 2019). Adversarial Examples Influence Human Visual Perception». *Journal of Vision, 19*(10), p. 190c. doi:https://doi.org/10.1167/19.10.190c.

Foster, D. (2019). *Generative Deep Learning*. O'Reilly Media.

Kurakin, A., Goodfellow, I. J. y Bengio, S. (8 de julio de 2016). Adversarial Examples in the Physical World. *Technical Report, Google, Inc.* arxiv.org/pdf/1607.02533v1.pdf.

Noble, S. U. (2018). *Algorithms of Oppression*. NYU Press.

O'Neil, C. (2016). *Weapons of Math Destruction: How Big Data Increases Inequality and Threatens Democracy*. Penguin Books.

Tunstall, L. (2022). *Natural Language Processing with Transformers: Building Language Applications with Hugging Face*. O'Reilly Media.

Wikipedia Contributors (2019a). *Ada Lovelace*. en.wikipedia.org/wiki/Ada_Lovelace.

Wikipedia Contributors (2019b). *Nikola Tesla*. en.wikipedia.org/wiki/Nikola_Tesla.

Wooldridge, M. (2021). *A Brief History of Artificial Intelligence*. Flatiron Books.

World Economic Forum (2023). *Future of Jobs Report 2023*. www3.weforum.org/docs/WEF_Future_of_Jobs_2023.pdf.